KB103082

우주
레시피

우주 레시피

손영종 지음

지구인을 위한 달콤한 우주 특강

오르트

광활한 우주.

그 속의 별을 보며 손짓하는 당신은

유구한 우주의 역사를 온몸에 머금고 있는

살아있는 현재의 소중한 생명입니다.

우주의 맛 리뷰

4년 동안 들은 교양 수업 중 단연 최고! 밤하늘의 별을 보고 수천 가지 생각을 할 수 있게 만들어 준 수업. -김다솔(아동가족학과)

열정적인 강의! 이 강의를 책으로 녹여낸다면 불처럼 뜨거워서 손을 댈 수 없을 것이다. -주찬양(신학과)

머리와 마음을 동시에 울리는 우주여행! -조나현(영어영문학과)

나란 존재의 의미를 깨닫게 해 준 수업. -정지영(국어국문학과)

나 같은 문과생도 쉽게 이해할 수 있다. -조해진(국어국문학과)

우주의 이야기는 곧 별에서 온 우리의 이야기. -최훈나(정치외교학과)

지금까지 들었던 교양 중 최고! 수강신청 3번 만에 성공해서 들은 보람이 있었다. -강윤지(행정학과)

우주에 대한 조금 더 근원적인 관심, 통찰적인 지식을 쉽게 이해. 최고의 강의! -박정연(교육학과)

이렇게 광활한 우주에서 내가 지금 여기, 이곳에서 존재한다는 사실에 더욱 감사하는 시간이 되었다. -신석영(정치외교학과)

교양 수업 중 이렇게 흥미롭고 즐거웠던 과목은 처음이다. -류정연(성악과)

추천을 많이 받았고 좋은 수업이라고 많이 들어서 수강하게 되었는데 정말 잘한 것 같다. 꼭 들어야 할 수업! -Suzuki Miyuki(심리학과)

우주의 깊고 신비로운 아름다움을 표현하는 음악을 만들고 싶어졌다.
−이정현(작곡과)

우주에 대해 문학적, 낭만적 접근을 할 수 있다. −조윤서(사학과)

밤하늘에 작은 별을 보고도 감동을 받을 수 있는 배움. 이 모든 것이 교수님의 강의를 통해 가능하게 되었다. −윤영민(경제학과)

이 강의를 듣고 나서 하늘을 볼 때 생각이 많아진 것이 신기했다.
−이상아(불어불문학과)

'우주를 보는 것은 과거를 보는 것이다', '인간은 우주의 일부'라는 것을 알게 되어 너무 좋다. −황정민(영어영문학과)

대학 와서 들은 교양 수업 중에 가장 교양다웠던 수업. '나와 우리는 무엇인가'라는 철학적 질문을 던지게 하는 수업. −연하영(행정학과)

천문학 강의임에도 예술과 인문학이 연결되어 인상 깊다.
−신여정(영어영문학과)

이번 학기 6과목 중 가장 얻은 게 많은 수업. 생각하면서 능동적으로 공부할 수 있는 기회를 준 최고의 과목. −김서현(정치외교학과)

이 강의를 듣는다면 나와 같은 시공간 속에 존재하는 사람들, 더 나아가 이 우주에 대한 사랑을 느끼지 않을 수 없다. 이것이야말로 진정한 우주의 이해.
−문선영(행정학과)

우주에 살면서도 우주에 대해 제대로 아는 것이 하나도 없었음을 깨달았다.
−이정현(국어국문학과)

재미있고 신기하다. −이열(경제학과)

이렇게 재미있다는 것을 미리 알았다면 진작 수강했을 것이다.
−김혜민(체육교육학과)

이번 학기 최고의 강의. 우주에 대해 전혀 관심이 없었는데 관심과 애정이 생겼다.
−정다혜(문헌정보학과)

최근 '융합'이라는 단어가 주목을 받고 있다. 그러한 '융합', '통섭' 교육에 가장 잘 맞
는 수업이었다. −김상락(경영학과)

교수님이 매우 친절하게 강의해 주셨다. 우주에 대해 재밌게 생각해 볼 수 있어서
좋았다. −전지효(영어영문학과)

낭만이 있는 우주를 원한다면! −최윤선(심리학과)

관측, 실험이 중요한 '과학'의 특성상 실습하는 활동이 많아서 쉽게 이해할 수 있었
고 기억에 오래 남았다. −백주원(영어영문학과)

우리가 우주의 작은 존재가 아니라, 광활한 우주 안에서 얼마나 소중한 존재인지를
느낄 수 있다. −박수빈(생활디자인학과)

비전공자에 맞추어 설명해 주셔서 큰 도움이 되었다. 이번 학기 제일 좋았던 강의!
−이경진(간호학과)

'우주'라는 것은 거대하고 범접할 수 없는 생소한 공간이라고만 생각했는데, 우주는
좀 더 친근한 곳이고 내가 살고 있는 곳이라고 생각이 바뀌었다.
−이민지(경제학과)

알차고 재미있었다. 가장 기다려지는 수업이었다. 우주에 대해 많이 알게 되어서 너
무 좋았고 교수님의 인간적인 면모도 너무 좋았다. −신예지(행정학과)

마음과 진심이 담긴 수업에 행복했다. −한송이(교회음악과)

지금까지 들었던 강의 중에 가장 재미있고 즐거웠다. 그냥 상상으로만, 인터넷으로 찾아보던 우주의 신비롭고 놀라운 일들을 강의로 듣게 되어 너무 기뻤다.
-최연수(성악과)

우주에 대한 깊은 지식이 없어도 아주 흥미롭다. 천문학에 대한 흥미가 생겼을 정도로 아주 재미있다. -안정현(생활디자인학과)

천문학에 대한 지식이 없었지만, 아주 쉽고 즐겁게 공부했다. -박혜민(국어국문학과)

대학 생활 동안 가장 기억에 남는 수업이 될 듯. -엄상준(경영학도)

마냥 넓고 어둡다고만 생각했던 우주가 나, 너, 그리고 우리 모두를 뜻한다는 것을 알게 되었을 때의 감동을 잊지 못할 것 같다. -정은교(영어영문학과)

아는 만큼 보이는 것처럼 아는 만큼 더 느껴지는 것 같다. 머릿속에 사각거리던 작은 우주를 예쁘고 지혜롭게 펼칠 수 있게 해 준 수업! -이수민(심리학과)

: : 달콤한 우주에 오신 것을 환영합니다!

빅뱅으로 생겨난 우주는 시간과 공간, 물질과 에너지 등이 모여 환상의 조합으로 만들어졌습니다. 우리는 이러한 우주와 우주 속 별들을 좋아합니다. 고요한 밤하늘과 별에 대한 아름다운 추억 한 가지쯤은 누구나 가지고 있을 것입니다. 아주 오래전 섬마을 시골 학교로 전학 온 한 여학생과 바라보던 그 밤하늘을 지금도 생생히 기억하며 잊지 못합니다. 밤하늘 저 멀리서 그토록 아름답게 빛나던 별들이 플레이아데스성단이라는 것을 나중에야 알았습니다. 수많은 별들과 광활한 밤하늘을 알고 싶어 하던 애틋한 그 마음이 이어져 우주를 공부하고 연구하는 천문학자가 되었습니다.

현대 천문학은 우리가 왜 별과 우주를 본능적으로 좋아하고 알고 싶어 하는지에 대한 해답을 던져 주고 있습니다. 그것은 우주가 바로 우리의 근원적 고향이기 때문입니다. 우주는 우리가 태어나고 살아가고 있는 곳이며, 우리가 가야 할 곳입니다. 우리의 몸을 이루는 모든 물질들은 우주의 역사를 이루어 온 별들의 생성과 사멸 과정에서 만들어진 것들이며, 언젠가 우리는 광활한 우주의 어느 곳으로 가게 되어 새로운 별을 만들게 될지도 모릅니다. 우리는 어디에서 왔으며, 지금 이 순간 우리의 존재 의미는 무엇이며, 앞으로 우리는 어디로 갈 것인가에 대한 궁극적인 질문에 대해, 우주는 우리에게 그 과학적 답을 알려 주고 있습니다.

우주의 구조와 그 기원을 알고자 하는 노력은 우리의 끊임없는 본능적 호기심으로 지금까지 이어져 왔습니다. 우주에서의 지구는 넓은 백사장에서의 모래 한 알에 비유되곤 합니다. 그만큼 우주는 광활합니다. 인간은 이렇게 넓은 우주의 현재 모습을, 그리고 과거와 미래의 모습을 알기 위해 무단히 노력해 왔고 그 과정에서 때로는 위대한 발견을 통하여 거대한 우주가 갖고 있는 진실의 작은 단면을 알아내기도 했습니다. 그렇게 알게 된 우주는 무척 경이로웠습니다. 이제 우리는 태양을 중심으로 공전하는 지구와 태양계의 모습을 이해하고 있으며, 빅뱅에 의한 우주의 생성과 시간의 역사를 통한 팽창하는 우주의 모습, 그리고 우주 속의 별들의 일생을 비교적 명확하게 이해하게 되었습니다.

우주에는 생명체가 존재합니다. 바로 우주 속에서 살아가고 있는 우리가 우주의 생명체이기 때문입니다. 광활한 우주의 수많은 별들 중에는 태양과 유사한 별들이 무수히 존재하며, 그 별들 주변에 지구와 같은 조건의 행성들이 또한 많이 있을 것입니다. 그렇다면 그 행성들에 우리와 같은 또는 유사한 생명체가 존재할 가능성은 확실해 보입니다. 그러나 지금까지 우리는 우주 속의 또 다른 생명체 존재에 대한 어떠한 증거도 찾지 못했습니다. "우주에 생명체는 우리뿐일까?" 이것은 우주의 기원에 대한 궁극적 질문인 동시에 우리가 우주에서 알고 싶어 하는 가장 근원적인 질문일 수밖에 없습니다.

오늘날 우리가 이해하고 있는 우주의 기원과 시간의 역사, 우주의 미래, 우주 속에 존재하는 생명체로서의 우리, 그리고 광활한 우주 속에서의 또 다른 생명체 존재의 가능성을 주제로 한 〈우주의 이해〉라는 교양 과목을 연세대학교에서 지난 십수 년 동안 강의했습니다. 이 강의는 주로 인문 사회학 그리고 예체능 전공 학생들을 대상으로 진행되었으며, 이들에게 현대 과학이 주는 지적 자산을 전달하고자 노력했습니다. 학생들은 과학적 의미를 담은 별과 우주의 진짜 모습에 감탄했으며, 우주 속에서 우리가 존재하고 있는 본질적 의미를 깨달으며 기뻐했습니다. 별을 바라보며 우주를 좋아하고 우주가 보여 주는 진실을 알고 싶어 하는 많은 분에게도 이토록 신비롭고 재미있는 우주 이야기를 들려주고 싶어 책으로 옮기게 되었습니다.

〈우주의 이해〉는 연세대학교 천문우주학과 교수님들이 함께 만들어 온 강의입니다. 이 책에 담긴 대다수 이야기는 함께 강의를 해 온 여러 교수님들의 탁월한 지식과 지혜의 응축물입니다. 우주의 기원에 대해 끊임없이 연구하고 많은 영감을 함께 공유해 주신 천문우주학과 동료 교수님들과, 한 사람의 과학 천문학자로 오늘날의 저를 키워 주신 존경하는 스승이신 천문석 교수님께 감사드립니다. 원고를 정성스럽게 읽어 준 천상현 박사님과 정두석 연구원에게도 감사드립니다. 부족한 원고에 부끄러운 마음이 크지만, 기꺼이 출간을 맡아 준 오르트의 정유진 대표에게 깊은 감사의 마음을 전합니다.

2015년 여름

신촌캠퍼스 과학관에서

손영종

차례

우주의 맛 리뷰 • 6

애피타이저_환상의 조합
달콤한 우주에 오신 것을 환영합니다! • 10

#1. 황홀한 맛 별
별이 빛나는 밤에 • 17

#2. 신비로운 맛 우주
우주의 중심은 어디일까? • 37

티타임_천문학에서 사용하는 거리 단위와 숫자 • 70

#3. 오묘한 맛 빛
밤하늘이 어두운 이유 • 73

#4. 번뜩이는 맛 도구
지구보다 큰 망원경 • 85

#5. 톡 터지는 맛 빅뱅
신의 손가락이 보인다 • 109

#6. 순간의 맛 급팽창
우주는 어떻게 생겨났을까? • 127

#7. 본연의 맛 원자
우리의 고향은 별 • 137

#8. 화려한 맛 별의 무리

다채로운 은하 • **155**

#9. 미지의 맛 생명

외계 생명체가 있을까? • **167**

#10. 짜릿한 맛 외계 지성체

외계로 신호를 보내다 • **193**

#11. 궁금한 맛 미래

우주가 계속 팽창할까? • **213**

#12. 환상의 맛 우주 레시피

우주 137억 년의 생애 • **233**

티타임_우주의 역사를 1년 달력에 표시한다면 • **246**

#13. 사랑스러운 맛 행성

지구의 가족 태양계 • **247**

#14. 빠져드는 맛 밤하늘

내 별자리는 언제 볼 수 있을까? • **277**

찾아보기 • **291**

이미지 저작권 • **300**

1

황홀한 맛 별

별이 빛나는 밤에

황홀한 맛

밤하늘을 장식하는 별과 천체는 거의 변하지 않는 것처럼 보이지만 우주의 모든 천체는 끊임없이 변한다. 모든 별은 태어나고 자라고 죽는 일생을 가지고 있으며, 별의 수명은 수백만 년에서 수백억 년 정도이다.

:: 우리는 어디서 왔을까?

우리는 어디서 왔으며, 현재 무엇이며, 앞으로 어떻게 될까? 그리고 우리가 사는 세상, 우주는 무엇일까?

아주 먼 옛날부터 사람들은 이것을 궁금해하고 끊임없이 연구했다. 별, 은하, 우주를 통해 이 궁금증을 여러분과 함께 풀어 보려고 한다.

우주의 기원을 파헤치는 열쇠는 오늘날 표준 이론으로 받아들이고 있는 우주론, '빅뱅 우주론'이다. 우리가 사는 우주가 어떻게 시작되었는지, 우주가 지금 우리에게 어떤 영향을 주는지 빅뱅 우주론에서 시작해 보자.

:: 빅뱅 우주론과 빛의 속력

빅뱅 우주론은 우주의 시작과 역사를 말해 준다. 빅뱅 우주론에 따르면 우주는 과거의 한 시점에서 생겼고 그 후 시공간이 팽창했다. 현재 우리가 보고 있는 시공간은 우주 시간의 역사를 고스란히 보여 주며, 우주의 나이는 137억 년이다.

빅뱅 우주론을 이해하기 위한 첫걸음은 빛의 속력이 일정하다는 사실을 아는 것이다. 빛의 속력은 초속 약 30만 킬로미터로, 1초에 지구를 일곱 바퀴 반을 돌 수 있다.

1억 광년 떨어져 있는 별을 바라본다고 생각해 보자. 빛의 속력이 일정하기 때문에 지금 우리가 보고 있는 별은 1억 년 전 별을 출발하여 지금 우리 눈에 도착해 빛으로 보이는 것이다. 그러니까 '1억 년 전 모습'이다.

따라서 1억 광년 떨어져 있는 많은 천체를 관측하고 그 특성을 종합하면 1억 년 전의 우주의 모습을 알 수 있다. 더 멀리 10억 광년, 50억 광년, 100억 광년 떨어져 있는 천체들을 본다는 것은 10억 년 전, 50억 년 전, 100억 년 전의 우주를 본다는 것이다. 빛의 속력이 일정하기 때문에 100억 년도 넘는 우주의 과거를, 그리고 현재까지의 우주 역사를 과학적으로 확인할 수 있다.

아름다운 밤하늘

: : 팽창하는 우주

　현대 빅뱅 우주론의 지평을 연 사람은 허블이었다. 1929년 허블은 사람들이 그동안 알고 있던 우주와 전혀 다른 우주의 모습을 제시했다. 모든 은하가 우리로부터 멀어지고 있다는 것이다. 그리고 이것이 우주가 팽창하기 때문에 생기는 현상이라고 했다.

　'우주가 팽창한다'는 사실에는 많은 의미가 있다. 과거와 현재, 미래의 우주 모습을 짐작할 수 있는데, 언젠가 우주는 팽창을 시작했고, 지금까지 계속 팽창해 왔을 것이다. 이것은 또한 우주의 나이는 유한하며 또한 유한한 시공간을 가진다는 뜻이다. '팽창하는 우주'에는 조금

복잡한 아인슈타인의 일반 상대성 이론이 적용되는데, 한 번쯤 들어 봤을 이 이론은 조금 뒤에서 다루겠다.

:: 역동적인 밤하늘

밤하늘의 별과 달을 바라보는 자신의 모습을 상상해 보자. 광활한 우주가 눈앞에 펼쳐지고 적막하고 고요한 밤하늘 깊숙이 수많은 별이 맑게 빛나며 낭만은 극치에 이른다. 이러한 모습은 시, 음악, 그림 등 문학과 예술에서 아름답고 우아하게 표현되기도 한다.

그러나 천문우주학의 관점에서 보는 밤하늘은 역동 그 자체다. 우리가 살고 있는 지구만 보아도 그렇다. 지구 반지름은 약 6,378킬로미터이며, 하루에 한 바퀴 자전하는 지구는 적도를 기준으로 초속 약 420미터의 속력으로 회전한다. 그리고 지구는 태양으로부터 평균 1억 5,000만 킬로미터 떨어져 있으면서 초속 약 30킬로미터의 속력으로 1년에 한 바퀴 공전한다. 한편 지구가 속해 있는 태양계는 은하의 중심으로부터 약 26,000광년 떨어져 있으며, 초속 약 250킬로미터의 속력으로 약 2억 년에 한 바퀴 공전한다.

멀리 떨어져 있는 별들과 은하들도 초속 수백~수만 킬로미터, 심지어 빛의 속도에 가까운 속력으로 우주 속을 역동적으로 움직인다. 단정적으로 말하면 우주 공간에 존재하는 모든 천체는 이와 같이 매우 역동적으로 움직이며, 움직이지 않는 천체는 하나도 없다. 다만 우리로부터 거리가 매우 멀리 떨어져 있어 그 역동적인 움직임을 맨눈으로는 보고 느낄 수 없을 뿐이다. 놀랍게도 이 모든 천체를 품고 있는 우주 그 자체도 계속 팽창하며 역동적으로 변하고 있다.

:: 별의 일생

밤하늘을 장식하는 별과 천체는 거의 변하지 않는 것처럼 보이지만 우주의 모든 천체는 끊임없이 변한다. 모든 별은 태어나고 자라고 죽는 일생을 가지고 있으며, 별의 수명은 수백만 년에서 수백억 년 정도이다.

이렇게 긴 별들의 수명을 어떻게 알 수 있을까? 먼저 100년 정도 사는 사람의 일생을 어떻게 알 수 있는지 생각해 보자. 각 개인이 100년 정도 살아 보면 당연히 태어나고 자라고 죽는 사람의 일생을 경험적으로 알 수 있다. 그러나 우리는 100년의 일생을 살지 않고도 주변의 갓난아이, 유아, 어린이, 청소년, 장년, 노인, 그리고 죽어가는 사람들을 살펴보면 사람의 일생을 알 수 있다.

수백만~수백억 년을 사는 별의 일생도 사람의 일생을 알아가는 것과 같은 방법으로 알 수 있다. 밤하늘에는 태어나는 별, 살아가고 있는 별, 죽어가는 별, 죽어서 남은 별의 잔재들이 도처에 수없이 많이 존재하기 때문이다.

별은 성운 영역에서 태어난다. 성운은 가스와 먼지가 모여 있는 곳으로 사람의 경우와 비교한다면 어머니의 자궁과 같은 곳이다. 밤하늘에서 많이 찾아볼 수 있으며, 오리온성운, 독수리성운 등이 대표적이다.

성운 영역을 자세히 들여다보면, 별 형성이 시작되고 있는 원시별들뿐만 아니라 이제 막 만들어져 빛을 발하는 찬란한 별들을 볼 수 있다. 어떤 별들은 독립적으로 형성되기도 하지만, 많은 경우는 한 영역에서 수백, 수천, 수만 개의 별이 동시에 형성된다.

별이 형성된 후 얼마 지나지 않은 매우 파릇파릇한 어린 별들이 모여 있는 곳도 많이 있다. 별이 형성된 이후 수억 년 정도의 어린 별들이 모

독수리성운. 별이 태어나는 곳이다.

여 있는 플레이아데스성단과 같은 산개성단이 그 대표적인 예이다.

:: 별이 살아가는 방법

갓 태어난 별은 우주에서 어떻게 살아갈까? 결론부터 이야기하면 혼자 사는 별은 단 하나도 없다.

사람도 마찬가지다. 우리는 어떠한 경우에도 혼자서는 살아갈 수 없다. 우리는 가족과 형제자매, 나아가 친지와 동료와 함께 살고, 한 마을과 사회와 국가를 이루고, 더 크게는 세계인의 일원으로 살아가고 있다. 이처럼 별도 짝별, 다중성, 성단, 은하, 은하단, 우주의 한 구성원으로서 살아간다.

:: 둘 이상 모여 있는 별

짝별은 두 개의 별이 중력적인 상호 작용을 하며 살아간다. 우리가 맨눈으로 볼 수 있는 밤하늘 별은 1만 개 정도 되는데, 맨눈으로 볼 때 대부분의 별들이 하나의 별처럼 보이지만 실제로는 80퍼센트 이상이 짝별이다.

그중에 실제로는 두 별이 많이 떨어져 있어 상호 작용을 하지 않지만, 우리 눈에는 붙어 있는 것처럼 보이는 안시 짝별도 있다. 북두칠성의 손잡이 부분 여섯 번째 별은 맨눈으로도 확인할 수 있는 안시 짝별로, 각 별의 이름은 '알코르'와 '미자르'이다. 로마시대에 군인을 선발할 때 이 짝별을 시력 검사용으로 이용하여 이 짝별이 두 개로 보이면 합격시켰다고 한다. 우리나라 1만 원권 화폐의 뒷면에는 태조 이성계의 석각천문도인 천상열차분야지도가 그려져 있는데, 이를 자세히 살펴보면 북두칠성에 알코르와 미자르가 정확하게 그려져 있음을 확인할 수 있다. 1만 원권에는 조선시대 선조들의 천문 관측 기기인 혼천의와 현재 한국천문연구원이 보유하고 있는 보현산 천문대의 1.8미터 망원

플레이아데스성단, 어린 별들이 모여 있다.

경도 그려져 있다.

세 개 이상 몇 개의 별들이 중력적으로 상호 작용하며 하나의 집단을 이루고 있는 천체는 다중성이라고 한다.

:: 집단을 이루는 별

한편 한 지역에서 함께 생겨나고 중력적으로 모여 집단을 이루고 있는 별의 무리를 '성단'이라고 한다. 성단은 크게 산개성단과 구상성단으로 나누는데, 산개성단은 수백~수천 개의 별이 모여 있으며 주로 은하수 평면에 분포한다. 각 산개성단의 나이는 수억~100억 년으로 아주 젊은 성단부터 나이가 많은 성단까지 다양하다.

구상성단은 수십만~수백만 개의 별이 모여 있으며, 밤하늘의 은하수 영역에서 위아래로 멀리 떨어진 넓은 영역, 즉 은하의 헤일로에 주로 분포한다. 구상성단은 우리은하의 형성 초기에 만들어진 가장 오래된 천체로 나이가 120억~130억 년에 이른다.

:: 별의 생태계, 은하

은하는 가스와 먼지로 이루어진 별이 탄생하는 성운과, 짝별과 성단을 이루는 모든 별이 어우러진 하나의 거대한 집단 체계이다. 수천억 개의 별이 모인 은하는 별의 생태계라고 할 수 있다. 은하 안에서 모든 별이 탄생하고 살아가며 죽음을 맞기 때문이다. 은하는 겉모양에 따라 나선은하, 타원은하, 렌즈형은하, 불규칙은하로 나눈다. 불규칙은하 중에는 거대한 은하들이 충돌하면서 매우 특이한 모양을 이루고 있는 것도 있다.

: : 가벼운 별이 오래 산다

별의 수명은 별의 질량과 관련이 있다. 무거운 별은 수명이 짧고, 가벼운 별은 수명이 길다. 이것은 별에서의 핵융합 에너지 형성과 관련이 있는데, 질량이 큰 별은 작은 별에 비해 에너지 형성 효율이 크고 빨라 수명이 짧다. 태양은 지구보다 33만 배 무거운 거대한 천체이

질량이 큰 별은 에너지 형성 효율이 크고 빨라 수명이 짧다.

지만, 다른 별들에 비해 상대적으로 가벼운 별이다. 태양의 수명은 약 100억 년이며, 현재 약 50억 년을 살았고 앞으로 50억 년 정도의 수명이 남아 있다. 만약 태양의 절반 정도 질량을 갖는 작은 별이라면 그 수명은 약 200억 년에 이르며, 태양보다 10배 이상 질량이 큰 별이라면 그 수명은 약 1,000만 년으로 줄어든다.

:: 화려한 최후

은하 안에서 살아가는 수천억 개의 별은 자신의 수명을 다하면 폭발하고 팽창하면서 죽어간다. 역설적이게도 죽어가는 모습이 매우 극적이고 화려하며 아름답다.

큰 질량의 별은 거대한 폭발과 함께 일생을 마치게 되는데 이때의 모습을 '초신성'이라고 한다. 반면 상대적으로 작은 질량의 별이 일생을 마칠 때는 극적인 팽창 현상을 보이는데 이를 '신성'이라고 하며 팽창 현상이 진행되면서 행성상성운의 모습으로 관측된다.

신성新星 또는 초신성이라는 단어의 뜻으로 유추해 보면 새로 생겨나는 별로 오해하기 쉽다. 관측이 어려울 정도로 어둡게 보이던 별들이 거대한 팽창과 폭발 현상에 의해 순식간에 밝게 보이는 특성 때문에 얼핏 새로 생겨난 별처럼 보인다. 그러나 사실상 신성과 초신성은 별의 최후 모습이다.

별의 최후 모습 초신성(게성운)

허블 딥 필드. 100억 년 전 우주는 이런 모습이었다

:: 100억 년 전의 모습

하나의 은하 안에는 수천억 개의 별이 집단으로 모여 있는데 각각의 별은 은하 안에서 태어나고 살다가 죽는 일생을 보낸다. 밤하늘을 보면 오직 별들이 우주 공간을 가득 채우고 있는 것 같지만, 실제로는 별이 아닌 별의 집단체인 '은하'가 무수히 많다. 그런데 은하 역시 집단을 이루어 우주를 구성한다. 은하들의 집단을 은하군 또는 은하단이라고

부른다.

현재 가장 성능이 좋은 망원경인 허블 우주망원경으로 100억 광년 이상 떨어진 우주 공간을 관측했다. 그중 대표적인 것이 허블 딥 필드 Hubble Deep Field(HDF)로 수많은 은하를 볼 수 있다. 빛의 특성을 생각해 보면 이것은 무려 100억 년 전의 모습이다. 정말 놀랍지 않은가?

100억 년 전의 우주를 보면 수많은 은하가 높은 공간 밀도를 가지

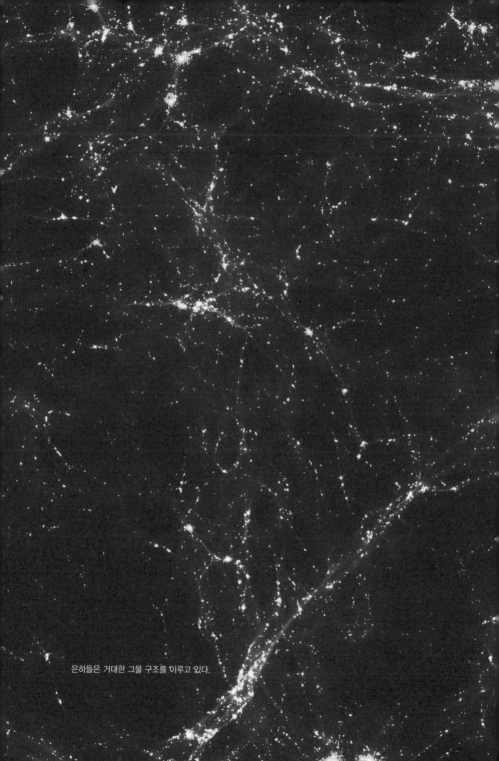

은하들은 거대한 그물 구조를 이루고 있다.

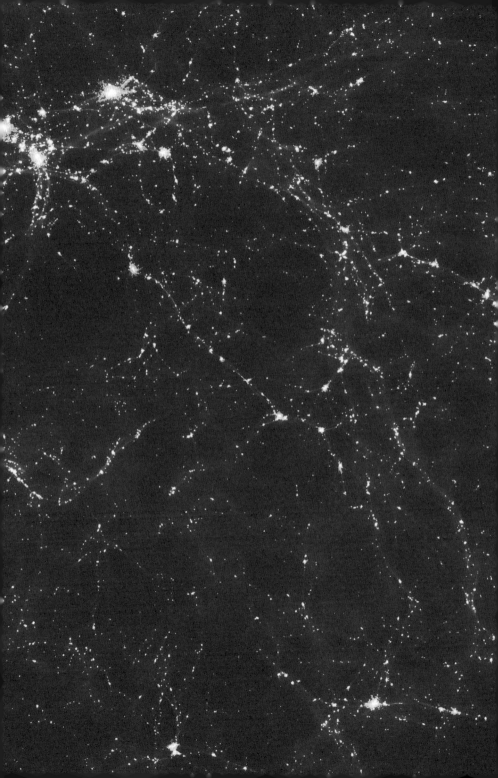

며 우주의 과거 공간에 존재하고 있다. 우주에 존재하는 은하들의 위치와 거리를 측정하여 공간 분포를 확인해 보면 은하들은 거대한 그물 구조를 형성하고 있다. 그물 사이 은하들이 존재하지 않는 비어 있는 공간은 보이드^{void}라고 한다. 이렇게 그물처럼 얽힌 은하의 공간 분포는 빅뱅 초기 우주의 미세한 요동에 의한 것으로 여겨지고 있지만, 정확한 원인은 아직 밝혀지지 않았다.

:: 조화로운 시공간

이처럼 우주의 별들과 은하들은 매우 역동적으로 움직이며 우주 자체도 역동적으로 팽창하고 있다. 그리고 모든 천체는 각자의 일생을 가지고 있으며 끊임없이 모습이 변한다. 그리고 모든 별은 짝을 이루거나 집단을 이루어 어울려 살아간다. 광활한 우주는 은하를 기본 단위로 하여 거대한 그물 구조를 이루고 있다. 요컨대 우주는 역동적이며, 거대한 그물 구조를 이루고 있으며, 이것이 조화롭게 어울려 있는 시공간 자연이다.

이제 우리는 광활한 우주의 신비로운 모습과 그 이면에 숨어 있는 진리의 아름다움을 만끽할 준비가 되었다. 이제부터 137억 년의 우주의 역사를 알아보면서 우주의 미래를 예측해 보고, 우리가 이 광활한 우주에서 어떤 존재인지 이야기해 보겠다.

2

신비로운 맛 우주

우주의 중심은 어디일까?

신비로운 맛

137억 년 동안 우주에는 어떤 일이 벌어졌을까? 빅뱅 초기 우주는 고온 고압의 시공간이었다. 그때 기본 물질들이 생성되었고, 이후에는 별과 은하가 만들어졌다. 별들이 태어나고 죽으면서 우주에는 새로운 중원소들이 늘어났고 이 과정이 반복되었다.

:: 완전하고 조화로운 우주

인간은 지구상에 존재한 이래 낮의 태양과 밤의 달, 그리고 밤하늘을 채우고 있는 수많은 별을 바라보면서 별들의 아름다움을 감성적으로 느꼈을 것이다. 또한 별들의 움직임에 대한 원리와 우주의 기원, 우주 속에서 인간 존재의 의미에 대해 끊임없이 탐구해 왔을 것이다.

태양, 달, 별들은 오래전 과거와 현재가 크게 다르지 않다. 태양은 매일 뜨고 지며 우리의 삶을 지배하고 있으며, 달은 약 한 달을 주기로 커지고 작아지고를 반복한다. 태양이 지면 밤하늘에 수많은 별이 나타나고 그 별들은 자신의 별자리를 일정하게 유지하며 서쪽 방향으로 움직인다. 이러한 현상을 관찰해 보면 하늘과 하늘의 천체들은 전체적으로 매우 규칙적으로 움직이는 것으로 보인다.

오래전 그리스의 과학철학자들은 이러한 현상을 관찰하면서 우주를 기하학적으로 완전하고 변함이 없으며 조화로운 것으로 이해했다.

:: 같은 듯 같지 않은

그러나 언뜻 완벽해 보이는 우주에도 특이한 현상이 나타난다. 가끔씩 혜성이 나타나 점점 크게 보이다가 사라지기도 하고, 때로는 눈에 보이지 않던 별들이 갑자기 며칠 사이에 급격히 밝아졌다 어두워지기도 한다. 그리고 어떤 별들은 밝아졌다 어두워지기를 반복하기도 한다. 이러한 현상은 완벽하고 조화로운 우주의 모습과는 어울리지 않는 것이었다. 그러나 고대 그리스 과학철학자들은 이러한 현상을 조화로운 우주의 문제점으로 지적하기보다는 지구를 둘러싸고 있는 대기권의 난류 현상에 의해 나타나는 것으로 해석하기도 했다.

또 다른 매우 특이한 현상은 태양과 달, 수성, 금성, 화성, 목성, 토성, 5개의 행성의 움직임이다. 밤하늘의 모든 별은 별들 사이에서 자신의 위치를 바꾸지 않는다. 다시 말해 별자리의 모양은 변화가 없다. 그러나 태양과 달, 5개의 행성은 전혀 다르게 움직인다.

태양은 계절의 변화에 따라 하늘에서의 위치가 반복적으로 바뀐다. 여름이면 태양의 고도가 높아지고 겨울이면 낮아진다. 별의 입장에서 보면 태양은 반복적으로 움직인다. 달도 마찬가지이다. 달이 위치하는 별자리는 매일 달라진다. 더욱 놀라운 것은 태양과 달은 일식 또는 월식 현상을 보이기도 한다.

꼭 별처럼 보이는 5개 행성들의 움직임은 더욱 특이하다. 수성과 금성은 동쪽 또는 서쪽 하늘에서 보이면서 지평선에서 크게 벗어나지 않을 뿐만 아니라 위치가 계속 변한다. 화성, 목성, 토성 역시 끊임없이 위치가 바뀌며, 때로는 배경 하늘의 별들에 대해 거꾸로 움직이는 역행 현상을 보이기도 한다. 이러한 이유로 이 5개의 천체를 '별자리 사이를 움직이는 행성'이라고 했다.

이러한 태양과 달, 그리고 5개 행성들의 특이한 움직임은 완벽하고 조화롭게 보이는 우주의 모습과는 매우 어울리지 않는 현상이기에 사람들은 오랜 과거부터 그 원리를 이해하기 위해 수많은 노력을 기울여 왔다.

:: 지구가 중심이 되어

드디어 기원후 100년경 프톨레마이오스가 태양계, 즉 태양과 달, 5개의 행성, 그리고 지구의 운동에 대한 원리를 정리했다. 프톨레마이오스는 지금 우리가 알고 있는 것처럼 태양을 중심으로 지구를 포함한 행성들이 공전하고, 달은 지구를 공전하는 체계를 검토했다. 그렇다면 행성들과 달, 그리고 지구의 운동 체계가 비교적 쉽게 기하학적으로 설명될 수 있었다.

그러나 한 가지 심각한 관측적 문제점이 생겼다. 지구가 태양을 중심으로 공전한다면, 배경의 많은 별들이 연주 시차로 인해 주기적으로 위치가 변하는 현상이 관측되어야 한다. 연주 시차는 1년을 주기로 별의 위치가 규칙적으로 변하는 현상으로 지구가 공전한다면 가까이 있는 별들에 대해서는 당연히 나타나야 하는 현상이다. 그러나 당시 기술로는 별들의 연주 시차를 확인할 방법이 없었다. 연주 시차가 나타나지 않는 것은 지구가 공전하고 있지 않다는 근거가 되었다. 당시로서는 별들이 행성들보다 더 멀리 있지 않고 유사한 거리에 있다고 생각했기 때문에 이 같은 결론을 낼 수밖에 없었다.

이와 같은 관측적 사실을 근거로 프톨레마이오스는 지구는 움직이지 않는다는 결론을 내리고 지구 주변을 공전하는 태양과 달, 그리고 행성들의 운동 체계를 기하학적으로 세웠다. 지구가 움직이지 않는다고 가정하고 태양을 중심으로 공전하는 지구와 행성들의 운동 체계를 지구 중심으로 바꾸면 매우 복잡한 기하학적 운행 궤도가 도출된다. 놀랍게도 프톨레마이오스는 주전원이라는 개념을 만들어 지구 중심의 운동 체계를 기하학적으로 완벽하게 유도했고 이를 『알마게스트』라는 책으로 출판했다. 그리고 밤하늘의 모든 천체는 지구를 중심으로 회전한다는 결론을 제시했다. 이것이 '천동설'이다.

프톨레마이오스의 천동설은 비록 그 기하학적 체계가 매우 복잡하

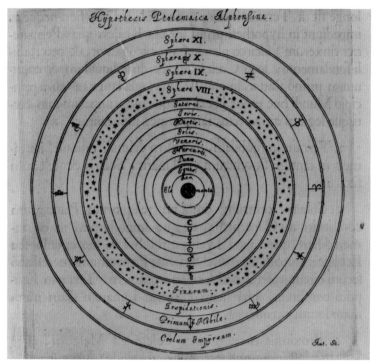

프톨레마이오스의 우주관(요하네스 헤벨리우스, 『월면도(Selenographia)』)

기는 했지만 태양과 달, 그리고 행성들의 운행을 거의 완벽하게 재현
했다. 따라서 별을 비롯한 모든 천체의 운동을 수학적으로 기술함으로
써 더 이상 천체들의 운동에 관한 원리적 이해는 필요 없게 되었다. 천
동설 체계는 이후 1,500년 동안 천체의 운동에 관한 정설로 의심 없이
받아들여졌다.

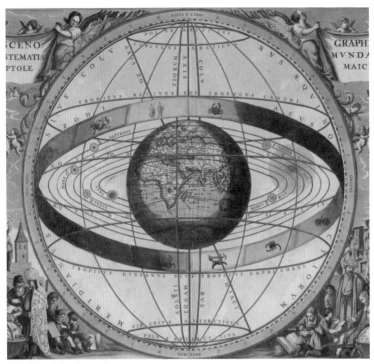

천동설(룬 요하네스 반, 1660년)

:: 코페르니쿠스의 반격

1,500년대 중반 코페르니쿠스가 등장한다. 1543년 코페르니쿠스는 프톨레마이오스의 천동설 체계가 매우 정확하게 태양과 달, 그리고 행성들의 운동을 원리적으로 설명하고 있다는 것을 이해했다. 그러나 천동설의 운동 체계가 너무 복잡했기 때문에 태양을 우주의 중심으로 하는 행성들의 운동 체계, 즉 '지동설'을 검토했다. 만약 태양을 중심으

로 행성들이 공전한다면 아주 단순한 기하학적 원리로 행성들의 운동 원리를 설명할 수 있기 때문이었다. 그러나 프톨레마이오스가 검토했던 연주 시차의 문제, 즉 지구가 공전한다면 모든 별이 지구의 공전 주기와 함께 주기적으로 위치가 변화해야 한다는 사실을 역시 설명하지 못했다.

하지만 코페르니쿠스는 발상을 전환했다. 밤하늘의 모든 별이 태양과 달, 행성들보다 매우 멀리 떨어져 있다는 가정을 해 보았다. 만약 그렇다면 비록 연주 시차가 나타나더라도 관측할 수 없을 정도로 매우 작을 것이다. 그리고 수성과 금성은 지구보다 태양에 더 가까운 거리에서 태양을 중심으로 공전하는 내행성이므로, 수성과 금성을 확대해서 볼 수 있다면 마치 달의 모양이 지속적으로 바뀌듯 위상 변화가 나타날 것이라고 예측했다. 이와 같은 코페르니쿠스의 주장은 밤하늘의 수많은 별들을 태양계 행성들보다 훨씬 더 먼 거리에 위치하게 함으로써, 당시에 생각하던 우주의 넓이를 엄청나게 확장하는 의미를 담고 있었다.

그러나 코페르니쿠스 당시에는 망원경이 없어 맨눈으로 관측하는 게 전부였다. 별들의 연주 시차와 내행성들의 위상 변화를 직접 보고 증명할 수 없었기 때문에 지동설은 하나의 새로운 가설로만 알려졌다.

:: 갈릴레이, 더 큰 세계를 보다

1609년 우주 관측에 대혁명이 일어났다. 갈릴레이가 망원경을 만들어 천체를 직접 관측한 것이다. 맨눈으로 볼 수 없었던 토성과 목성의 자세한 모습을 보게 되면서 우주에 대한 지식은 폭발적으로 늘어났다.

갈릴레이가 직접 만든 망원경은 별과 우주는 완전하고 완벽하다는 당시까지의 개념을 뒤흔들어 놓았다. 태양에는 어두운 흑점이, 달에는 울퉁불퉁한 분화구가, 토성에는 띠가 있었다. 또한 목성에는 목성을 중심으로 도는 4개의 위성이오, 유로파, 가니메데, 칼리스토이 있었다. 이는 모든 천체가 지구를 중심으로 공전한다는 당시의 개념과 정반대되는 것이었다.

◀ 갈릴레오 갈릴레이
▶ 갈릴레이가 직접 만든 망원경

갈릴레이는 은하수가 수많은 어두운 별들의 집합체라는 사실도 처음으로 발견하는 등 많은 관측을 했는데 그중에서도 금성의 위상 변화를 관측한 것이 가장 중요한 일이었다. 망원경으로 바라본 금성은 보름달에 가까운 모양으로 관측되었고 달의 형태가 변화하는 것처럼 지속적으로 변했다. 이는 금성이 지구보다 태양에 더 가까운 내행성이며 지구와 금성이 태양을 중심으로 공전한다는 것을 완전하게 설명할 수 있는, 다시 말해 코페르니쿠스의 지동설이 옳다는 가장 확실한 관측적 증거가 되는 것이었다.

새로운 패러다임인 지동설을 밑받침할 과학적 근거는 충분했다. 지구의 공전에 따른 별의 연주 시차를 관측할 수 없었던 것은 코페르니쿠스의 주장에서처럼 별들이 태양계 밖 매우 먼 곳에 위치한다고 생각하면 해결되는 것이었다. 이는 우주의 크기에 대한 개념을 대폭 확장하는 또 하나의 획기적인 과학적 변화였다.

그러나 이러한 지동설의 등장은 당시 사회의 종교관과 배치되어 큰 충돌을 일으켰다. 지동설을 믿고 주장하던 성직자 브루노는 결국 화형에 처해졌고, 갈릴레이 역시 종교 재판에 회부되어 태양이 우주의 중심이며 지구는 우주의 중심이 아니라는 자신의 지동설 주장을 철회하기도 했다.

:: 케플러의 법칙

1610년 케플러는 스승인 티코 브라헤가 오랫동안 기록한 화성의 위치 자료를 분석했다. 그리고 코페르니쿠스의 지동설에 근거해 화성의 궤도를 경험적으로 유도했다. 그 결과 화성은 원 궤도가 아닌 타원 궤도로 태양을 공전하고, 태양을 중심으로 일정한 면적 속도로 운동한다는 것을 밝혀냈다. 케플러는 더 나아가 행성 공전 주기의 제곱이 태양과 행성 사이의 거리 세제곱에 비례한다는 '조화의 법칙'을 발견했다.

이로써 태양을 중심으로 하는 행성계는 아름다운 기하학적 도형으로 기술되며, 힘의 작용에 의해 원리적으로 운행되고 있다는 사실을 알게 되었다.

:: 새로운 과학혁명, 정점에 이르다

1600년대 초 당시까지 알려져 있던 물체 간에 상호 작용하는 힘은 자기력이었다. 자연 상태의 자석은 어렵지 않게 찾을 수 있었고, 자석은 서로 끌어당기기도 하고 밀어내기도 한다는 사실을 경험적으로 잘 알고 있었다. 그러나 케플러가 밝혀낸 태양과 행성 간의 상호 작용, 즉 행성의 타원 궤도는 자기력으로 설명할 수 없었다.

1600년대 중반에 이르러 뉴턴은 만유인력이라는 새로운 힘의 개념을 도입하여 태양을 중심으로 하는 행성의 타원 궤도 운동을 이론적 원리로 설명했다. 행성의 운동 궤도를 작은 운동 궤도의 합으로 인식하고, 이에 미분과 적분의 개념을 적용했다. 그리고 질량을 가진 운동하는 물체의 특성을 운동량, 즉 관성 질량 및 운동 속력의 곱으로 표현하고, 운동량의 시간에 대한 변화를 외부에서 주어지는 힘으로 표현했다. 그리고 질량을 가진 물체들의 상호 작용하는 힘은 거리의 제곱에 반비례하며, 질량의 곱에 비례하는 만유인력으로 표현했다.

뉴턴은 『프린키피아』라는 책에서 이러한 원리를 미분 적분학의 개념과 함께 수학적 이론으로 기술했고, 이로부터 행성의 타원 궤도 운동을 완벽하게 설명했다. 이로부터 우주에 존재하는 모든 물체가 만유인력이라는 힘으로 상호 작용하고 있다는 새로운 사실을 증명했다. 이렇게 태양을 중심으로 하는 지구를 포함한 행성들의 타원 궤도 운동을 이론적 원리로 이해하면서 코페르니쿠스가 주장한 지동설이 완성되었고 새로운 과학혁명이 정점을 찍게 되었다.

:: 핼리 혜성의 발견

태양계에는 행성이 아닌데 태양을 중심으로 궤도 운동을 하는 천체가 있다. 바로 혜성이다. 어떤 혜성은 태양에 한 번 접근했다가 사라지고 마는 경우도 있지만, 많은 혜성은 태양을 중심으로 주기적으로 공전한다. 이런 주기 혜성들 역시 타원 궤도로 공전하는데, 다만 궤도 이심률이 매우 커서 원에 비해 아주 찌그러진 모양의 궤도로 운동한다.

뉴턴이 만유인력의 개념으로 행성들의 궤도를 설명한 이후, 핼리는 이러한 원리를 혜성에도 적용할 수 있을 것이라고 직감했다. 그러고는 76년을 주기로 태양을 공전하는 혜성의 궤도를 정확하게 예측했다. 이렇게 확인된 혜성이 바로 핼리 혜성이며, 지금도 핼리 혜성은 76년에 한 번씩 태양을 중심으로 공전하고 있다.

혜성은 각자 고유한 궤도가 있다. 타원 궤도로 주기적으로 태양을 공전하는 주기 혜성도 있고, 포물선 또는 쌍곡선 궤도로 태양에 한 번 접근했다가 멀리 사라지는 혜성도 존재한다.

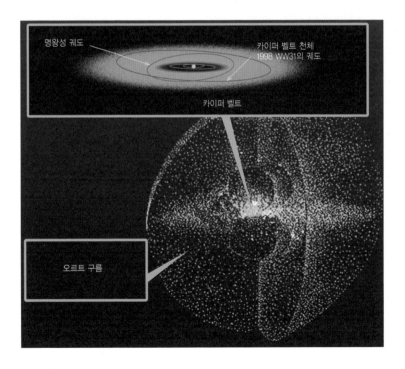

핼리 혜성

우주 레시피

우주의 중심은 어디일까?

태양과 지구의 평균 거리를 1천문단위^{AU}라고 한다. 해왕성 너머 태양으로부터 30~60천문단위 거리에 많은 소천체들이 모여 있는 영역을 '카이퍼 벨트'라고 하는데, 이곳에서 단주기 혜성들이 생겨난다고 알려져 있다. 한편 그보다 더 먼 거리, 2,000~20만 천문단위 거리의 거대한 영역에 소천체들이 존재하는데 이곳을 '오르트 구름'이라고 부르며, 이곳에서 장주기 혜성들이 생겨난다.

카이퍼 벨트 또는 오르트 구름을 출발해 태양을 향하는 혜성들은 초기에는 태양 또는 우리와 매우 먼 거리에 있기 때문에 아주 희미한 형태로 관측되며 혜성의 고유 형태인 꼬리가 나타나지 않는다. 따라서 멀리 있는 혜성을 망원경으로 보면 별처럼 뚜렷하지 않고 뿌옇고 흐릿하게 보인다. 또한 태양을 향해 움직이고 있어서 그 위치가 지속적으로 변한다.

:: 혜성 관측의 시대

만유인력과 미분 및 적분학의 개념을 도입한 뉴턴의 역학이 새롭게 대두되고, 핼리가 혜성의 운동 궤도 역시 뉴턴 역학으로 설명된다는 사실을 증명하면서 1600년대 중반 이후 새로운 혜성을 찾기 위한 관측이 매우 활발해졌다. 새로 만든 망원경을 관측에 활용한 것은 지극히 당연한 일이었다.

당시의 망원경으로 먼 거리에 있는 혜성과 매우 유사하게 보이는 뿌

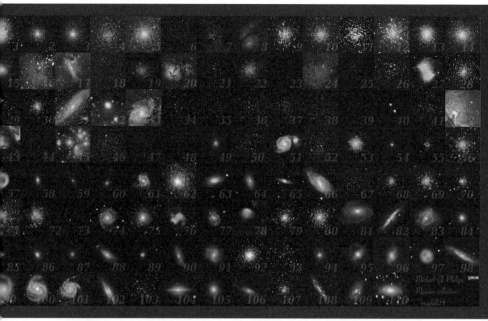

메시에 목록

옅고 흐릿한 천체 100여 개를 발견했다. 그러나 이 천체들은 혜성과
달리 위치가 변하지 않았다. 1700년대 중반, 프랑스의 혜성 관측자 메
시에는 혜성을 탐색하다 이런 천체를 종종 발견하곤 했는데 혜성과 혼
동하지 않도록 따로 기록해 두었다. 이 기록을 모아 만든 것이 바로 메
시에 목록Messier Catalogue으로, 103개의 천체가 포함되어 있었다. 이 천
체들은 당시 망원경으로 뿌연 구름처럼 보여서 '성운星雲'이라고 불
렀다.

:: 성운의 진짜 모습

1900년대 이후 망원경의 크기가 커지고 성능이 매우 발달하면서, 메시에가 분류한 성운들의 실체를 직접 확인할 수 있게 되었다. 지금은 메시에 목록에 있는 천체들을 크게 세 가지로 분류한다.

첫째는 실제 성운이다. 가스와 먼지가 있는 지역으로 대표적인 성운에는 게성운, 독수리성운, 삼렬성운, 아령성운, 오리온성운 등이 있다.

오리온성운

↑ 헤르쿨레스성단
↓ 안드로메다은하

우주의 중심은 어디일까?

◀ 토성의 위성 미마스
➡ 토성의 위성 엔켈라두스

둘째는 성단이다. 수백~수천 개 별의 집합체인 산개성단 또는 수십만~수백만 개 별의 집합체인 구상성단이다. 플레이아데스성단, 헤르쿨레스성단 등이 대표적이다.

셋째는 은하이다. 은하는 수천억 개의 별이 모여 있는 집합체이다. 안드로메다은하, 소용돌이은하, 솜브레로은하 등이 있다. 그런데 1900년대 초까지는 이들이 은하인지 전혀 몰랐다.

1800년대 초 독일 태생의 영국 천문학자 윌리엄 허셜은 지름 1.26미터의 당대 최대 반사망원경을 제작하여 천체 관측에 일생을 바쳤다. 그는 어두운 별은 멀리 있고, 밝은 별은 가까이 있다는 단순한 가정을 바탕으로 별의 공간 분포와 우주의 구조를 연구했다.

여동생 캐롤라인 허셜과 공동 연구하고, 아들 존 허셜이 대를 이어

연구한 결과, 우주 공간은 태양을 중심으로 하는 거대한 별들의 집합체라는 사실을 알게 되었다. 그리고 이것이 은하의 모습이었다. 또한 그는 자신이 만든 망원경으로 천왕성과 그 위성인 티타니아와 오베론을 발견했고, 토성의 두 위성인 미마스와 엔켈라두스를 발견하는 등 천문학에서 수많은 업적을 남겼다.

1920년에는 네덜란드의 캡타인이 허셜의 방법을 따라 더 정교하게 관측을 했다. 그는 우리은하의 지름이 약 5만 광년이며, 허셜과 마찬가지로 태양은 거의 중심에 있다고 주장했다.

:: 태양은 어디에 있을까?

1900년대 초 미국의 천문학자 섀플리는 태양계가 은하의 중심이라고 한 허셜과 캡타인의 주장을 뒤엎었다. 섀플리는 윌슨산 천문대 망원경으로 은하수 평면에서 멀리 떨어진 헤일로 영역에 분포하고 있는 구상성단들의 위치를 재점검했다. 그는 구상성단들이 궁수자리에 중심을 두고 구에 가까운 형태로 분포하고 있다는 것을 발견했다. 이 성단들이 구형으로 배열되어 있으므로, 그 분포 중심이 우리은하의 중심이 된다는 결론은 매우 논리적이었다.

섀플리는 태양이 우리은하 중심에서 5만 광년 거리에 있다는 것도 유도했다. 이때까지는 허셜의 관측 결과를 바탕으로 태양이 우리은하 중심 근처에 있다고 믿었으나, 섀플리의 연구로 태양은 은하의 중심이 아닌 변방에 위치한다는 것이 밝혀졌다. 태양은 은하의 중심이 아니었다.

: : 섀플리 vs 커티스

한편 1920년대에 들어 천문학자들 사이에 대논쟁이 시작되었다. 나선성운이 은하 안에 있는 작은 천체라는 의견과 은하 밖에 있는 또 다른 거대한 은하로 너무 먼 거리에 있어 단지 우리에게 작게 보이는 것이라는 의견으로 갈렸다.

이 논쟁의 중심에는 섀플리와 커티스, 두 천문학자가 있었다. 은하의 중심이 태양이 아니라는 결론을 제시한 섀플리는 나선성운들은 단지 우리은하 안에 있는 작은 성운에 불과하다는 주장을 견지했다. 그러나 커티스는 나선성운들이 우리은하 밖의 거대한 독립 은하들이라고 주장했다. 이는 철학적 섬 우주설과 그 맥락을 같이하는데, 1755년 독일의 칸트가 성운들은 은하수와 같은 천체가 멀리 있는 것이라고 주장했고 그것을 '섬 우주'라고 불렀다. 나선성운을 둘러싼 이 논쟁은 우리은하와 같은 은하가 외부에 또 존재하느냐는 문제를 제시한 것뿐만 아니라, 우주 전체의 구조와 크기에 대해 물음표를 던졌다.

: : 안드로메다성운의 진짜 모습

나선은하에 대한 대논쟁은 드디어 1920년대 허블의 연구로 획기적인 전환점을 맞게 되었다. 허블은 당시 세계 최대 광학망원경이었던 월슨산 천문대의 100인치 망원경으로 안드로메다성운을 비롯한 나선 성운들을 정밀 관측했다.

먼저 안드로메다성운 정밀 사진 관측을 통해, 희미해 보이던 성운이 가스나 먼지가 아닌 매우 어두운 별들의 집합체라는 놀라운 사실을 발견했다. 허블은 이어서 여러 번의 사진 관측을 실시하여 매우 희미한 별들 중에 한 별이 주기적으로 밝기가 변한다는 사실 또한 확인했다. 즉 일정한 주기로 어두워졌다가 밝아졌다를 반복하는 변광성을 발견한 것이다. 허블이 안드로메다성운을 관측하던 당시의 천문학자들은 우리와 가까운 별들 중에서 이와 같이 밝기가 주기적으로 변하는 변광성을 알고 있었으며, 특별히 별의 크기가 커졌다 작아졌다 하면서

에드윈 허블

월슨산 천문대 100인치 망원경

밝기가 주기적으로 변하는 세페이드형 맥동 변광성의 특성도 이미 알고 있었다. 세페이드형 맥동 변광성은 밝기가 변화하는 주기가 크면 평균 절대 밝기도 밝아지는 특성이 있었다.

허블이 안드로메다성운의 사진 관측을 통해서 찾아낸 희미한 변광성 역시 세페이드형 맥동 변광성의 밝기 변화 특성을 나타낸 것이었고, 변광의 주기를 찾을 수 있었다. 이렇게 결정한 주기를 우리와 가까운 세페이드형 맥동 변광성들의 관측으로 결정된 주기와 평균 밝기 관계에 적용하면 안드로메다성운에서 발견된 희미한 세페이드형 맥동 변광성의 평균 절대 밝기를 쉽게 유추할 수 있다.

빛을 내는 광원의 밝기는 거리가 멀어짐에 따라 거리의 제곱에 반비례하여 밝기가 어두워진다는 사실은 이미 잘 알려져 있는 자연 현상이다. 이를 적용하면 안드로메다성운에서 발견된 맥동 변광성의 변광의 주기로부터 유도된 변광성의 평균 절대 밝기와 직접 관측된 평균 밝기의 차이는 바로 거리로 환산될 수 있을 것이다. 허블은 이러한 원리를 적용하여 안드로메다성운의 거리를 약 300만 광년으로 결정했다. 이 거리는 당시 알고 있던 우리은하의 크기보다 더 멀었다. 그리고 이 거리를 기준으로 안드로메다성운의 크기를 계산해 보니 당시 알고 있던 우리은하의 크기와 맞먹는 거대한 천체였고, 수많은 별들로 구성되어 있었다. 안드로메다성운이 우리은하 밖의 또 다른 외부은하라는 사실을 처음으로 확인한 것이었다. 또한 30여 개의 나선성운에 대해서도 안드로메다성운과 같은 방법으로 각 성운 내의 세페이드형 맥동 변광성을 찾아내어 변광 주기를 결정하고 평균 절대밝기를 유추하여 거리를 계산한 결과, 모두 안드로메다은하와 유사한 독립된 외부은하였다. 우리은하 밖에 다른 은하가 존재한다는 것은 그동안 알고 있던 지식을 뒤흔드는 놀라운 발견이었다. 더욱이 우주 공간이 은하들을 기본으로 이루어져 있다는 사실은 혁명적인 우주관의 변화를 일으키기에 충분했다.

:: 달려오는 자동차의 경적 소리

허블은 나선은하들의 거리는 물론 운동 속력을 알아내기 위해 노력했다. 허블은 나선은하들의 속력을 측정하는 데 도플러 효과라는 빛의 특성을 적용했다.

우리가 일상생활에서 경험할 수 있는 도플러 효과는 달리고 있는 자동차의 경적 소리의 차이이다. 우리를 향해 달려오는 자동차의 경적 소리는 점점 높게 들리고 멀어지면 점점 낮게 들린다. 우리로부터 거리가 멀어지면 거리에 따라 소리가 작게 들릴 뿐만 아니라 더 낮은음으로 들린다. 본질적으로는 같은 소리이지만 우리를 향해 다가올 때는 소리의 파장이 짧아지면서 진동수가 커지고, 멀어질 때는 파장이 길어지고 진동수가 작아지는 현상이다.

이러한 도플러 효과는 빛에도 똑같이 적용되는데, 빛을 내는 광원

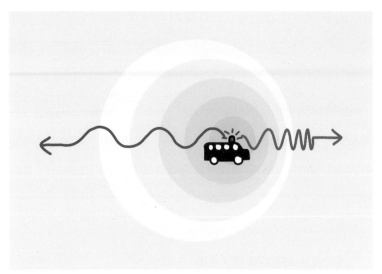

우리를 향해 달려오는 자동차의 경적 소리는 높은음으로 들리고, 멀어지면 낮은음으로 들린다.

이 우리를 향해 다가오면 빛의 스펙트럼은 원래 자신의 파장보다 더 짧은 파장으로 이동하게 되고, 우리로부터 멀어지면 반대 현상이 일어난다. 그리고 광원의 운동 속력이 커지면 커질수록 빛 스펙트럼의 이동량이 더욱 커지게 된다. 허블은 이러한 빛의 특성을 적용하여 거리가 결정된 30여 개의 나선은하에 대한 빛 스펙트럼을 관측하여 스펙트럼의 이동량을 결정했다.

여기서 얻은 결과는 무척 놀라웠다. 모든 은하들의 빛 스펙트럼이 파장이 긴 쪽으로 이동하는 '적색편이'를 나타내었다. 이것은 은하들이 우리로부터 멀어진다는 것을 의미했다. 또한 멀리 있는 은하일수록 더욱 큰 적색편이를 보였는데 이것은 더 빠른 속력으로 우리로부터 멀어지다는 것을 의미했다.

:: 멀어지는 은하

'먼 은하일수록 더 빠른 속력으로 멀어진다'라는 사실은 1929년 허블의 발표 이후 현재까지 수많은 천문 관측을 통해 일관되게 확인되었으며, 이는 '허블의 법칙'으로 알려져 있다. 이 사실은 우주 기원에 관한 생각을 본질적으로 바꾸어 놓게 되었다.

우선 허블의 관측 이전에는 우주가 정적이고 변화가 없다고 생각했는데, 관측 이후로는 우주가 역동적이고 팽창한다는 사실을 알게 되었다. 풍선 위에 있는 개미로 비유를 들어 보자. 풍선을 불면 모든 방향으로 팽창하는 풍선 위의 임의의 지점에 있는 개미는 자신을 중심으로 주변의 모든 개미들이 멀어진다고 느끼며, 더 멀리 있는 개미일수록 더 빠른 속력으로 멀어진다는 사실을 알 수 있을 것이다. 우주의 경우도 이와 마찬가지이다. 우리 주변의 은하들은 팽창하는 우주 공간 속에서 우리로부터 멀어지며, 더 멀리 있는 은하일수록 더 빠른 속력으로 멀어진다. 이것은 임의의 다른 은하에서도 똑같은 현상으로 나타날 것이다. 그러나 예외적으로 가까이 있는 은하들은 서로 끌어당기는 힘이 우주 팽창의 힘보다 더 크게 작용하여 점점 더 가까워지기도 한다. 예를 들면 안드로메다은하와 우리은하의 거리는 점점 줄어들고 있다.

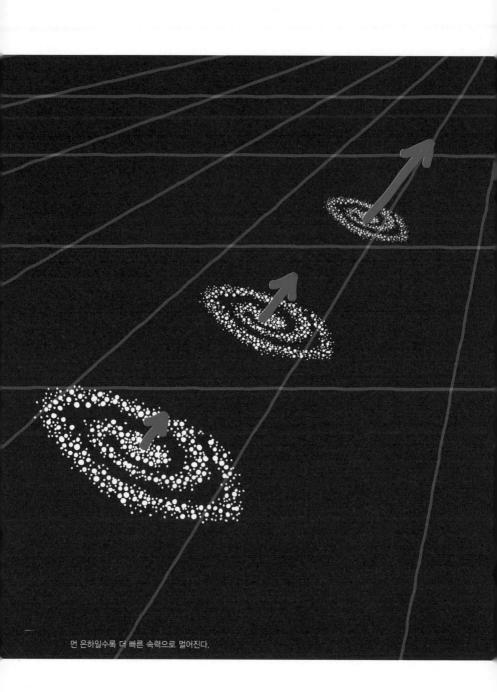

먼 은하일수록 더 빠른 속력으로 멀어진다.

또한 우주가 팽창한다면 팽창의 시작점이 있었을 것이며, 현재까지 팽창하고 있는 우주의 시공간이 유한하다는 사실을 알게 되었다. 따라서 관측이 가능한 우주의 시공간은 한계가 있으며, 유한한 시공간 속에 유한한 천체로 구성되어 있다는 결론에 이른다. 이와 같이 역동적으로 팽창하는 우주와 유한한 시공간의 개념은 당시까지 인식되고 있던 우주관, 즉 우주는 정적이며 무한하고 무한 개수의 별을 포함한다는 것과 전적으로 배치되는 개념이었다.

:: 아인슈타인과 허블의 만남

과학은 관측이나 실험으로 알게 된 사실과 이론이 만났을 때 완전해진다. 1929년 허블이 관측으로 알아낸 '팽창하는 우주' 개념은 이미 10여 년 전 아인슈타인이 일반 상대성 이론으로 예측한 것이었다. 아인슈타인의 일반 상대성 이론은 우주를 구성하는 물질들에 의한 중력장에 따라 우주의 곡률 구조가 다르게 나타나며, 우주는 팽창 또는 수축을 할 수 있다는 과학적 결론을 주는 것이었다. 그러나 당시 과학자들은 역동적으로 움직이는 우주를 받아들일 수 없었다. 그래서 아인슈타인은 자신의 이론적 결과를 수정하기 위해 '우주 상수'를 임의로 추가하여 일반 상대성 이론을 발표했고 '정적인 우주'를 이론적으로 기술했다.

그러나 허블이 우주 팽창의 증거를 관측으로 찾아내자 아인슈타인

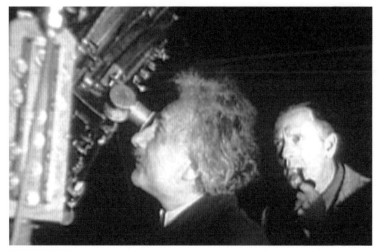
아인슈타인과 허블

은 이를 수긍하고 일반 상대성 이론에서 우주 상수를 제거했다. 프린스턴대학교에서 연구를 하던 아인슈타인은 1931년 캘리포니아의 윌슨산 천문대로 직접 찾아가 허블을 만나고, 자신의 상대성 이론에 우주 상수를 추가한 것은 일생일대의 실수라고 인정한 유명한 일화가 전해진다. 관측이나 실험의 결과가 이론과 만났을 때 완벽해지는 것을 보여 주는 이야기이기도 하다.

:: 펑! 빅뱅 우주론의 탄생

드디어 우주 팽창에 대한 허블의 관측 결과와 우주 상수가 제거된 아인슈타인의 일반 상대성 이론이 결합되어 상대론적 팽창 우주론이 현대 우주론의 근간으로 자리 잡게 되었다.

한편 1948년에는 러시아 출신의 미국 천체물리학자 조지 가모브가 빅뱅 우주론을 발표했다. 빅뱅 우주론은 우주를 채우고 있는 물질들의 중력만 있다면 우주는 인력에 의해 한 점으로 모일 수밖에 없겠지만, 우주의 시작점에서 대폭발이 일어나면서 이때 생긴 에너지가 우주를 팽창하게 하며, 우주는 이 팽창 에너지로 현재까지 팽창을 지속해 왔다는 것이다.

빅뱅 우주론은 시공간 탄생의 시점이 있었음을 의미하며, 그 후 시간의 흐름에 따라 공간은 팽창하고 우주의 모습은 지속적으로 변해 왔다는 것을 의미한다. 또한 빅뱅 우주론에 따르면 현재의 우주는 계속 팽창하고 있다.

여기서 우주의 팽창을 거꾸로 생각하면 우주의 나이를 계산할 수 있다. 국제천문연맹은 현재까지의 수많은 천문 관측 사실을 종합하여 우주의 나이를 137억 년으로 제시하고 있다.

137억 년 동안 우주에는 어떤 일이 벌어졌을까? 빅뱅 초기 우주는 고온 고압의 시공간이었다. 그때 기본 물질들이 생성되었고, 이후에는 별과 은하가 만들어졌다. 별들이 태어나고 죽으면서 우주에는 새로운 중원소들이 늘어났고 이 과정이 반복되었다.

빅뱅 이후 약 90억 년이 지나서, 즉 지금으로부터 50억 년 전, 별들에 의해 만들어진 중원소 물질들이 존재하던 우주에서 태양이 형성되고, 지구가 형성되었다. 그리고 현재까지 50억 년의 시간의 역사가 진행되었다. 빛의 속력이 일정하다는 과학적 원리에 따라 우주의 과거 시간의 역사는 과학적으로 관측과 검증이 가능하다.

그러나 우주의 미래는 관측으로 확인할 수 없으며, 다만 상대성 이론으로 예측만 할 수 있다. 우주를 구성하는 물질의 밀도에 따라 현재 팽창하고 있는 우주는 지속적으로 팽창할 수도 있고 언젠가 재수축할 수도 있다. 이것은 팽창 에너지, 물질의 양, 중력의 크기에 따라 결정된다.

:: 패러다임의 변화

1962년 토마스 쿤은 『과학혁명의 구조』에서 과학적 패러다임의 변화 과정을 제시했다. 기존의 패러다임을 기반으로 정상 표준 과학이 이론적으로 실험 관측적으로 형성된다. 이러한 과정에서 새로운 과학적 관측 결과가 나타나면 기존 패러다임의 위기가 형성되고 결국 과학혁명이 일어나게 된다. 그리고 과학혁명 과정을 통해 새로운 패러다임이 형성되고, 이 새로운 패러다임이 표준 과학의 패러다임으로 자리 잡게 된다.

과학혁명의 구조는 우주론의 발달에서도 여실히 드러난다. 1세기경 프톨레마이오스의 천동설은 지구 중심의 우주관이었다. 그 후 행성의 운동을 새롭게 이해하면서 16세기 코페르니쿠스의 지동설이 자리 잡고, 태양 중심의 우주관이 성립되었다. 이는 은하계의 개념이 생긴 20

세기 초까지도 지속되었다. 그러나 20세기 초 태양은 은하계의 중심에 있지 않다는 새로운 관측적 사실이 확인되었다. 우주는 거대한 은하들로 듬성듬성 구성되어 있으며, 이 은하들은 모두 서로 멀어지며, 우리로부터 먼 은하들은 더 빠른 속력으로 멀어진다는 사실도 관측되었다. 이것은 현대 빅뱅 우주론으로 정립되었으며, 이러한 사실은 태양과 지구, 그리고 우리는 우주의 중심이 아닐뿐더러 어떠한 특별한 곳에도 위치하지 않는다는 것을 말해 준다.

현대 기본 우주론이 상대론적 빅뱅 우주론이지만, 이에 반하는 관측 결과가 나온다면 기존의 패러다임을 뒤엎는 새로운 또 한 번의 패러다임이 등장할지도 모른다.

천문학에서 사용하는 거리 단위와 숫자

흔히 '천문학적 숫자'라고 하면 일반적으로 가늠하기 힘들 정도로 매우 큰 숫자를 말하곤 한다. 그만큼 천문학에서는 아주 큰 숫자를 사용할 때가 많다. 큰 숫자를 표현하기 위해서는 적절한 표기가 필요할 수밖에 없다. 예를 들어 우주의 나이 '137억 년'을 숫자로 표기하면 '13,700,000,000년'이 되는데 한눈에 읽기도 어렵고 자칫 헷갈리기도 쉽다. 우주를 표현하기 위해서는 1억보다 훨씬 더 큰 숫자를 쓸 일이 많다. 137억 광년의 우주 공간에 있는 천체들은 일반적인 숫자로 표현하기에는 거리가 매우 멀다.

그래서 수학적으로 단순하게 표현하기 위해 일반적으로 $10^0 = 1$, $10^1 = 10$, $10^2 = 100$, $10^3 = 1,000$, …처럼 10의 지수 형태로 표현한다. 이때 10^3을 킬로, 10^6을 메가, 10^9을 기가, 10^{12}을 테라, 10^{15}을 페타, 10^{18}을 엑타, 10^{21}을 제타라고 한다.

10의 지수는 작은 숫자도 표현할 수 있다. $10^{-1} = 0.1$, $10^{-2} = 0.01$, $10^{-3} = 0.001$, $10^{-4} = 0.0001$과 같이 표현한다. 10^{-1}을 데시, 10^{-2}을 센티, 10^{-3}을 밀리, 10^{-6}을 마이크로, 10^{-9}을 나노라고 한다.

이처럼 10의 지수를 이용하면 태양과 지구 간의 거리 150,000,000킬로미터를 1.5×10^8킬로미터로, 태양에서 가장 가까운 별까지의 거리 약 40,000,000,000,000킬로미터를 4×10^{13}킬로미터로 단순하게 표현할 수 있다. 태양의 수명 역시 약 10,000,000,000년을 10^{10}년으로 간단하게 표기할 수 있다.

10^3	킬로 (K)	10^{-1}	데시 (d)
10^6	메가 (M)	10^{-2}	센티 (c)
10^9	기가 (G)	10^{-3}	밀리 (m)
10^{12}	테라 (T)	10^{-6}	마이크로 (μ)
10^{15}	페타 (P)	10^{-9}	나노 (n)
10^{18}	엑타 (E)		
10^{21}	제타 (Z)		

별은 우리가 일상에서 쓰는 숫자로 나타내기에는 너무 멀리 떨어져 있다. 이를 단순화하기 위해 천문학자들은 천문단위^{AU}, 광년^{ly}, 파섹^{pc}과 같이 크게 3가지의 거리 단위를 정하여 사용한다. 천문 단위는 태양과 지구의 평균 거리, 즉 1억 5,000만 킬로미터를 기본 단위로 한다. 광년은 빛이 1년간 갈 수 있는 거리이다. 빛은 1초에 약 30만 킬로미터를 운동하므로 광년은 30만 킬로미터 × 1년 × 365일 × 24시간 × 60분 × 60초에 해당되는 거리를 기본 단위로 한다.

한편 지구는 태양을 중심으로 1억 5,000만 킬로미터 떨어진 지점에서 1년에 한 바퀴 공전을 한다. 이러한 지구의 공전에 의해 지구상의 관측자가 별을 바라볼 때, 별들은 1년을 주기로 위치가 변한다. 이때 태양과 지구를 기준선으로 하여 별과 이루는 삼각형에서 생기는 미세 각을 연주 시차라고 한다. 이 연주 시차 각이 1초가 되는 지점까지의 거리를 1파섹이라고 한다. 따라서 별의 연주 시차가 작으면 작을수록 더 멀리 있는 별이다.

이처럼 천문학적 거리의 단위를 이용하면 태양과 지구 간의 거리 1억 5,000만 킬로미터를 1천문단위, 태양에서 가장 가까운 별까지의 거리 약 40조 킬로미터를 약 4광년, 그리고 우리은하의 반지름 약 45경 킬로미터를 15킬로파섹으로 단순하게 표현할 수 있다.

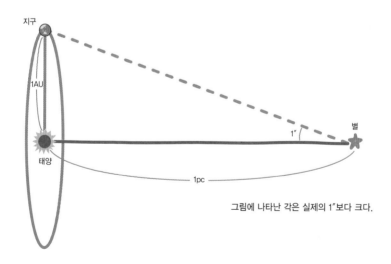

그림에 나타난 각은 실제의 1″보다 크다.

3

오묘한 맛 빛

밤하늘이 어두운 이유

:: 빛으로 우주를 보다

우리는 광활한 우주를 어떻게 알 수 있을까?

우주에서 들어오는 모든 정보는 '빛'이라고 할 수 있다. 물론 그중에는 대기권을 통과하여 떨어지는 운석도 있고, 우주선으로 실어오는 달이나 행성에서 채취한 물질도 있다. 그리고 태양 표면에서부터 지구로 날아드는 입자도 있다. 이들은 우주에서 지구로 들어오는 직접적인 정보로 우주의 특성을 이해하는 데 매우 중요한 역할을 한다. 그러나 광활한 우주 시공간에서 지극히 작고 작은 태양계의 일부에 대한 정보라는 한계가 있다.

따라서 광활한 우주의 특성을 이해하려면 빛의 기본적인 특성을 이해해야 한다. 그중에서도 두 가지 특이한 성질, 빛의 이중성과 진공에서 속력이 유한하며 일정하다는 특성을 알아보자.

:: 빛의 이중성

빛의 이중성이란 파동성을 나타내는 현상에서는 입자성을 보이지 않고, 입자성을 보이는 현상에서는 파동성을 나타내지 않는 성질이다.

↑ 빛의 파동성
↓ 빛의 입자성

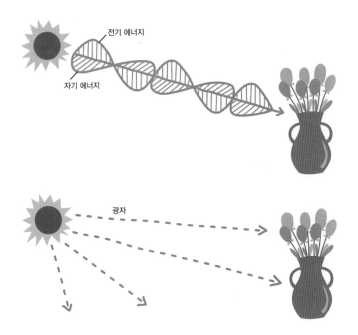

빛이 파동성을 나타내는 현상으로는 회절, 간섭, 편광 등이 있으며, 빛이 입자성을 나타내는 현상은 광전 효과와 콤프턴 효과가 있다.

회절은 빛이 진행 도중에 작은 틈을 통과하게 되면 틈으로부터 직진하지 않고 퍼져나가는 현상이다. 간섭은 두 개 이상의 파동이 한 점에서 만날 때 진폭이 서로 보강되거나 상쇄되어 밝고 어두운 무늬가 반복되어 나타나는 현상이다. 편광은 빛의 파동이 특정한 방향성을 갖는 현상이다. 이러한 회절, 간섭, 편광 현상은 파동의 원리로 설명이 가능하기 때문에 빛은 파동성을 갖는다고 한다. 빛이 파동이라면 빛이 지나갈 수 있는 매질이 있어야 한다고 생각했고, 빛을 전달하는 매질로 에테르라는 가상의 물질을 가정하기도 했다. 이는 마치 물결파가 물이라는 매질을 통해 전달되는 것과 같은 원리이다. 그러나 빛은 전자기파이기 때문에 매질 없이도 전달될 수 있는 매우 특별한 파동의 특성을 갖고 있다.

광전 효과는 금속에 특정 에너지 이상의 빛을 비추었을 때 표면에서 전자가 튀어나오는 현상이다. 콤프턴 효과는 물질에 엑스선을 쪼여 주었을 때 물질 속의 전자가 튀어나가고, 입사된 엑스선은 전자에 의해 산란되면서 에너지가 줄어드는 현상이다. 이러한 광전 효과, 콤프턴 효과는 에너지를 가진 입자의 원리로 설명이 가능하기 때문에 빛은 입자성을 갖는다고 한다.

:: 빛의 속력은 유한하고 일정하다

오래전에는 빛은 생김과 동시에 무한한 속력으로 이동한다고 생각했다. 그러나 지금 우리는 빛의 속력이 유한하며 그 속력은 1초에 지구를 약 일곱 바퀴 반을 돌 수 있는 초속 약 30만 킬로미터라고 이미 알고 있다.

빛의 속력을 최초로 측정하려고 했던 사람은 갈릴레이였다. 1638년 갈릴레이는 멀리 떨어져 있는 두 곳에서 빛을 내는 램프의 덮개를 열고 닫으면서 빛의 왕복 시간을 측정하려고 했지만 두 지점 사이의 거리가 너무 가까워 실험에 실패했다.

1676년 덴마크의 천문학자 뢰머가 빛의 속력을 최초로 측정하는 데 성공했다. 목성의 위성 이오가 목성의 그림자에 숨는 시간이 지구와 목성 간의 거리가 달라짐에 따라 변하는 현상을 이용해 빛의 속력을 구했다. 뢰머가 측정한 빛의 속력은 초속 약 22만 킬로미터로 우리가 알고 있는 빛의 속력과는 많은 차이가 난다.

한편 영국의 천문학자 브래들리는 1727년 광행차 현상을 발견했다. 광행차 현상은 관측자가 움직이는 방향으로 빛이 더 기울어져서 관측되는 현상으로, 마치 빗속을 걸어가는 사람에 대해 비가 더 기울어져 내리는 것과 같은 원리이다. 브래들리는 특정한 속력으로 공전하는 지구에서 별을 관측할 때는 망원경을 더욱 기울여야 된다는 광행차의 원리를 적용하여 빛의 속력을 현재의 값과 거의 유사하게 초속 약

30만 킬로미터로 결정했다.

19세기 이후에는 천문 관측에 의존하지 않고 실험 장치들을 고안하여 빛의 속력을 측정했다. 피조와 푸코는 각각 톱니바퀴와 회전거울을 활용한 실험 장치를 활용하여 빛의 속력을 정확하게 측정했다. 마이켈슨과 몰리는 8각 회전거울 장치를 활용하여 빛의 속력을 측정했을 뿐만 아니라, 빛의 속력은 관측자의 속력과 관계없이 일정하다는 광속 불변의 원리를 발견하여 현대 물리학의 기반을 확립했다. 요즘에는 광섬유를 활용한 장치 등을 이용하여 빛의 속력을 측정한다.

: : 우주의 정보 전달자, 빛

유한한 속력의 빛은 우주 공간의 특성을 알려 주는 정보 전달자로서의 역할을 톡톡히 한다. 빛과 우주의 구조를 이해하기 위해 아인슈타인의 상대성 이론부터 알아보자.

1905년 아인슈타인은 빛의 속력은 광원이나 관측자의 운동에 무관하게 일정하다는 사실을 토대로 특수 상대성 이론을 발표했다. 이 이론에 따르면 공간에서의 길이와 시간은 속도의 함수로 변화하며, 운동에 무관한 절대량이 아니다. 또한 질량이 에너지로 환산될 수 있다. 이것은 이 이론에서 중요한 결과이다.

한편 우주는 시공간 물질의 분포가 우주의 구조를 결정하는 중력이 작용하는 시공간이므로, 가속도가 있는 계system이다. 1916년 아인슈타인은 중력이 작용하는 시공간에서의 빛과 물질의 운동 특성을 발표했는데 이것이 일반 상대성 이론이다.

일반 상대성 이론에서 얻은 중요한 결과는 빛은 단순 직선 운동을 하는 것이 아니라 중력장의 경로를 따라 운동한다는 것과, 중력의 영향을 받으면 빛의 파장이 변할 수 있다는 사실이다. 실제로 우주에서 중력장에 따르는 공간의 왜곡 현상은 먼 은하로부터 오는 빛이 휘어서 나타나는 중력렌즈 현상으로 증명되었다. 일반 상대성 이론은 빛조차 중력장을 빠져나오지 못하는 블랙홀을 예측하기도 한다.

일곱 빛깔 무지개

:: 여러 가지 빛

빛은 다양한 파장을 갖는다. 볼록렌즈로 햇빛을 모아 프리즘을 통과시켜 보면 투명한 빛이 빨강, 주황, 노랑, 초록, 파랑, 남, 보라의 무지개 색으로 나누어진다. 이렇게 우리 눈에 보이는 빛을 가시광선이라고 한다. 그리고 가시광선보다 짧은 파장의 빛은 자외선, 엑스선, 감마선 등으로 나누어지며, 가시광선보다 긴 파장의 빛은 적외선, 전파 등으로 나누어진다.

빛은 파장이 짧을수록 에너지가 더 크다. 예를 들어 자외선 빛은 가시광선 빛보다 에너지가 더 크다. 가시광선 중에서도 빨간색 빛보다 보라색 빛으로 갈수록 파장은 짧아지며 에너지는 더 커진다. 온도를 가진 모든 물질은 전 파장 영역에서 에너지가 나오는데, 온도가 높을수록 짧은 파장 에너지가 더 많이 나온다.

밤하늘을 관측하면 별들의 색깔이 서로 다르게 보인다. 예를 들어 겨울철 별자리 중 하나인 오리온자리를 보면 '베텔게우스'라는 별은 아주 붉게, '리겔'이라는 별은 아주 푸르게, 두 별이 대조적인 색으로 빛나는데 이것은 두 별의 표면 온도가 다르기 때문이다.

:: 우주는 무한할까?

고대 사람들은 우주는 무한하며, 우주를 채우고 있는 무한한 별들이 균일한 간격으로 공간을 채우고 있다고 생각했다. 그리고 빛의 속도 역시 무한하다고 생각했다. 만유인력의 법칙을 원리적으로 확립한 뉴턴 역시 진공에서의 빛의 속도는 무한하며, 우주는 과거나 현재나 같은 모습을 유지하고 있다고 생각했다.

한편 뉴턴의 만유인력 법칙에 대해 1692년 성직자 벤틀리는 중력이 인력으로만 작용한다면 우주를 이루는 모든 천체는 서로 끌어당겨 결국 우주가 붕괴 현상을 나타낼 것이라고 주장하기도 했다. 그러나 공간의 범위가 무한하다면 인력에 의해 우주의 붕괴 현상이 필연적으로 일어날 이유는 없다.

20세기 들어 상대성 이론을 확립한 아인슈타인마저도 정적이며 변화가 없는 우주를 선호했다. 허블이 우주의 팽창 현상을 밝힌 이후에도 호일, 골드, 본디 등의 천문학자는 우주는 팽창하되 끊임없이 새로운 물질이 만들어지며 이에 따라 우주 전체는 변하지 않고 그대로 남아 있을 것이라는 정상 상태 우주론을 주장하기도 했다.

:: 밤하늘은 왜 어두울까?

이런 가정을 해 보자. 우주는 정적이며 변화가 없으며, 우주의 크기가 무한하고, 무한한 우주 공간 속에 무한개의 별이 균일하게 분포해 있으며, 빛의 속력이 무한하다고 생각해 보자. 그리고 우리가 밤하늘의 별을 관측한다고 상상해 보자.

별의 밝기는 거리의 제곱에 반비례하여 어두워진다. 즉 먼 거리에 있는 별일수록 더 어둡게 보인다. 그러나 관측자가 하늘의 일정한 작은 표면을 바라보는 경우, 거리가 멀어짐에 따라 특정 거리에서의 별의 개수는 거리의 제곱에 비례하여 많아진다. 그러므로 관측자의 입장에서 일정한 표면에 받는 빛의 양은 일정하다. 따라서 지름이 무한한 우주 공간에 분포되어 있는 모든 천체로부터 받는 빛은 우리에게 아주 가까운 거리에 있는 태양에서 받는 것과 같이 밝아야 하며, 밤하늘은

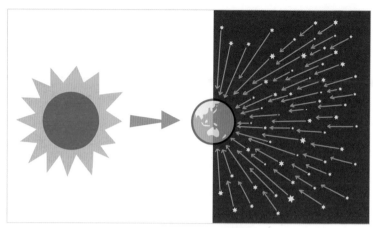

수많은 별빛 때문에 밤하늘도 낮처럼 밝아야 한다. 그런데 왜 밤은 어두울까?

낮과 같이 언제나 밝아야 한다. 그러나 실제로 밤하늘은 어둡다.

1823년 독일의 아마추어 천문학자인 올버스는 이와 같은 논리에 근거해 우주가 무한히 크고 천체의 공간적 분포가 일정하다면 모든 천체로부터 받는 빛 때문에 밤하늘도 낮처럼 밝아야 한다고 주장했다. 이것을 '올버스의 역설'이라고 부른다.

:: 올버스의 역설을 풀다

몇몇 과학자는 올버스의 역설을 풀기 위해 우주 공간에 빛을 흡수하는 물질들이 존재한다는 가정을 제시했다. 그러나 만약 빛 흡수 물질이 존재해 무한히 많은 천체가 내놓는 빛을 계속 흡수한다면, 언젠가는 그 물질이 빛을 다시 방출하게 될 것이다. 그러므로 이것은 올바른 해결책이 될 수가 없었다.

그렇다면 올버스의 역설에서 가정이 틀렸을 것이라고 생각해 볼 수 있다. 우주는 정적이지 않거나, 무한하지 않거나, 무한개의 별이 존재하지 않거나, 천체들이 균일하게 분포하지 않거나, 빛의 속력이 무한하지 않다면 이 역설이 해결될 것이다.

우주는 137억 년 전 빅뱅 이후 현재까지 팽창하고 있으며, 이는 우주 공간의 크기가 유한하다는 뜻이다. 유한한 우주 공간 속에는 별이 유한한 개수로 존재할 수밖에 없다. 또한 우리는 이미 빛의 속력은 무한하지 않고 일정하다는 사실을 알고 있다. 무한히 먼 거리에 있는 천체에서 오는 빛은 그 속력이 무한하지 않다면 우리에게 도달할 수 없으며, 따라서 빛이 우리에게 도달할 수 있는 우주의 범위가 유한할 수밖에 없다. 또한 유한하고 팽창하고 있는 우주 공간 속에서의 빛은, 우주 팽창으로 인하여 시간의 흐름에 따라 파장이 길어지며 우리에게 도달할 때 그 에너지 자체가 감소하는 우주론적 적색편이 현상을 나타낸다.

이처럼 현대 천문학은 올버스의 역설을 추론하게 한 모든 가정을 뒤엎었으며, 이러한 과학적 근거들을 종합하면 우주 공간은 낮처럼 밝지 않고 지금과 같이 어둡다는 사실을 알 수 있다. 이제 올버스의 역설은 팽창하고 있는 유한한 우주, 그리고 유한한 속력을 갖는 빛의 특성을 이해함으로써 완벽하게 풀렸다.

4

번뜩이는 맛 도구

지구보다 큰 망원경

:: 우주를 보다

우주에는 수많은 천체들이 있지만 직접 가서 확인하고 분석할 수는 없다. 인간이 직접 가서 탐사한 천체는 오직 달뿐이며, 그나마 장비를 보내 탐사한 영역도 태양계에 불과하다. 우리가 우주를 알 수 있는 유일한 방법은 우주로부터 오는 빛에 담긴 정보와 특성을 분석하는 것이다.

17세기 이전까지는 천체의 빛을 관측하는 수단으로 인간의 눈과 천체의 위치를 측정하기 위한 기계적인 장치들이 전부였다. 최초의 망원경은 1608년 네덜란드 미델뷔르흐시에서 안경점을 하고 있던 리페르세이가 발명한 굴절망원경이었다. 그는 렌즈 두 개를 가지고 풍경을 보다가 이것이 물체를 확대해 보여 준다는 사실을 발견했고, 금속 통에 두 개의 렌즈를 부착해서 멀리 있는 것을 보기 편하도록 만들었다. 이것이 망원경의 시초가 되었다.

1609년 갈릴레이는 렌즈를 연마하여 지름 44밀리미터의 망원경을 직접 제작해 최초로 천체 관측에 활용했다. 갈릴레이는 이 망원경으로 새로운 세상을 보았다. 금성의 위상을 확인하여 코페르니쿠스의 지동설을 검증했다. 뿐만 아니라 은하수를 관측하여 수많은 별들이 은하수

갈릴레이가 그린 토성, 목성, 화성, 금성. 금성은 위상의 변화도 그렸다.

를 이루고 있다는 사실을 처음으로 확인했고, 목성의 위성들, 달 표면의 분화구, 토성의 고리, 태양의 흑점 등을 관측해 우주의 진짜 모습에 성큼 다가갔다. 지난 2009년에는 갈릴레이의 망원경 관측 400주년을 기념하여 유네스코에서 세계 천문의 해를 지정하여 다양한 천문학 관련 행사를 세계 곳곳에서 진행하기도 했다.

한편 19세기 말 사진이 천체 관측에 적용되고 이후 20세기 후반에는 광전자 증배관이나 전자결합 소자 등의 검출기가 적용되면서 우주 천체로부터 오는 빛의 정밀한 검출과 측정 기술이 급속도로 발전했다. 현재는 감마선, 엑스선, 자외선 등 가시광선보다 짧은 파장의 빛뿐만 아니라, 적외선 및 전파 영역에 이르기까지 빛 에너지 복사의 전 파장 영역의 관측이 천체 관측에 활용되고 있다.

망원경의 활용으로 우주 관측은 완전히 새로운 전기를 맞게 되었다. 눈의 한계를 뛰어넘어 더 어둡고 더 멀리 있는 천체를 관측하여 우주에서 오는 빛의 정보를 정밀하게 확인하고 우주를 더욱 정확하게 보게 되었다. 망원경으로 더 어두운 천체를 본다는 것은 더 먼 곳의 천체를 볼 수 있다는 것을 의미하며, 여기에 빛의 속력이 일정하다는 개념을 적용하면 더 먼 과거의 빛을 볼 수 있다는 뜻이기도 하다. 그래서 과거의 빛을 보는 인류의 위대한 발명품 망원경을 과거로 가는 타임머신이라고 부르기도 한다.

: : 하늘은 왜 푸른색일까?

천문대에 있는 망원경 대부분은 가시광선 관측용 광학망원경과 전파망원경이며, 간혹 적외선망원경도 있다. 하지만 엑스선이나 자외선 관측용 망원경은 없다. 그 이유는 지구 대기의 특성 때문이다. 우주에서 날아온 별빛이 통과하는 지구 대기는 인간에게 반드시 필요한 존재이다. 질소와 산소가 주요 구성 성분이기 때문에 동물과 식물의 생존에 절대적인 역할을 하며, 지구의 자연환경에 직접적인 영향을 주기도 한다. 또한 우주로부터 오는 강한 에너지의 빛을 차단하여 지구 생명체를 보호하기도 한다.

그러나 대기는 우주에서 오는 빛의 일부를 흡수하거나 산란시켜 빛이 가지고 있는 우주의 정보를 차단하기도 한다. 대기를 통과하는 별빛은 대기의 흔들림 때문에 미세하게 굴절되어 점 광원이 흔들리는 현상이 나타난다. 이 때문에 별이 반짝인다. 반짝이는 별은 아름답지만 천체 관측에는 나쁜 영향을 미쳐 관측의 정밀성을 많이 떨어뜨린다. 가시광선보다 파장이 짧은 자외선 에너지의 빛은 지구 대기 성층권의 오존에 대부분 흡수되어 지상에 도달하지 못한다. 또한 엑스선, 감마선 파장대의 빛은 산소와 질소 등에 흡수되어 지상에 도달하지 못한다.

우주에서 오는 가시광선 영역의 빛은 지구 대기에 흡수되지 않고 지상에 잘 도달하여 이를 '광학적 창'이라고 부른다. 그러나 가시광선 영역의 빛조차도 대기의 분자와 먼지 등에 의해 산란되어 지상에 도달하는 별빛의 양은 줄어들게 되는데, 이를 대기 소광 현상이라고 한다.

하늘은 왜 푸른색일까? 주변을 돌아보면 자연 현상 중에 너무 당연하게 생각하고 무심히 여긴 것이 많을 것이다. 하늘의 색도 마찬가지이다. 푸른 하늘과 붉은 저녁 노을도 대기의 특성으로 설명할 수 있다. 푸른빛은 붉은빛보다 산란이 잘되기 때문에 낮에는 하늘이 파랗게 보인다. 그러나 해가 질 무렵에는 태양 빛이 낮고 긴 경로로 대기를 통과하므로 푸른빛은 그 과정에서 이미 산란되고 남아 있는 붉은빛이 잘 전달되어 아름다운 저녁 노을이 생긴다.

적외선 파장대 중에서 가시광선에 가까운 근적외선 파장 영역의 별빛은 지구 대기를 대체로 잘 통과한다. 그러나 근적외선보다는 파장이 긴 원적외선 파장 영역의 빛은 대기 중의 수증기에 의해 대부분 흡수된다. 적외선보다 파장이 더 긴 전파 영역의 빛은 지구 대기를 잘 통과하며 이를 '전파 창'이라고 부른다. 그러나 전파의 파장이 40미터 이상 매우 긴 경우 지구 대기 상층 전리층에 의해 모두 반사되어 지구 표면에 도달하지 못한다. 이처럼 지구 대기의 흡수와 산란 효과 때문에 우주에서 오는 빛 중에 가시광선, 일부의 적외선, 전파 영역의 빛만 지구 표면에 도착할 수 있다.

: : 렌즈와 거울의 단점을 극복하다

광학망원경은 빛을 모으는 장치로서 볼록렌즈를 사용하는 굴절망원경과 오목거울을 사용하는 반사망원경이 있다. 갈릴레이가 제작한 최초의 망원경은 광학 굴절망원경이다. 볼록 대물렌즈와 오목 접안렌즈로 구성되어 있어 관측 대상의 모습이 같은 모양 그대로 보이지만, 낮은 배율과 좁은 시야 때문에 천체 관측에 어려움이 있었다.

1611년 케플러는 이런 약점을 보완하기 위해 대물렌즈와 접안렌즈 모두 볼록렌즈로 구성된 새로운 굴절망원경을 만들었다. 이 망원경은 비록 관측 대상의 모습이 거꾸로 선 형태로 보이지만, 높은 배율과 넓은 시야를 확보할 수 있어 이후부터 현재까지 굴절망원경은 대부분 케플러식으로 만들었다. 그러나 당시의 굴절망원경은 별빛의 색 번짐 현상, 즉 색수차가 심하게 나타나는 심각한 단점을 갖고 있었다. 색수차는 별빛이 렌즈를 통과하면서 빛이 색깔별로 굴절되는 정도가 다르기 때문에 정확하게 한 점에서 모이지 않고 흐리게 관측되는 현상이다.

뉴턴은 색수차 현상을 일으키지 않는 광학계를 연구했다. 오목거울을 활용하여 빛을 모아 평면거울로 반사하여 관측하는 반사망원경을 1668년에 처음으로 발명했다. 뉴턴이 처음으로 만든 반사망원경은 청동으로 연마한 지름 2.5센티미터의

뉴턴이 만든 반사망원경

오목거울과 평면거울로 구성된 길이 15센티미터의 망원경이었다.

한편 1663년 그레고리는 오목 반사거울에 의해 모아진 빛을 다시 오목거울로 모아 눈으로 관찰하는 방식의 반사망원경을 만들었으며, 1677년 카세그레인은 오목 반사거울에 모은 빛을 볼록거울로 반사하여 관찰하는 방식의 망원경을 제작했다. 카세그레인이 만든 망원경은 뉴턴의 망원경보다 길이를 짧게 만들 수 있는 이점이 있어 편리했다.

광학 기술이 지속적으로 발달하면서 망원경의 크기가 점점 대형화되었으며, 굴절망원경이 갖는 넓은 시야각과 반사망원경이 갖는 높은 집광력의 장점을 동시에 살린 새로운 형태의 망원경이 등장했다. 1930년에 슈미트와 1941년 막스토프가 만든 보정판을 활용한 반사굴절 혼합형의 망원경이 바로 그것이다.

굴절망원경은 렌즈 앞뒷면을 모두 연마해야 하며, 렌즈 자체의 내부에 이물질이나 기포를 없애야 하는 등 제작이 어렵고 망원경을 만들 때 가장자리 테두리만으로 하중을 지탱해야 하는 단점이 있다. 그래서 세계 최대 크기의 굴절망원경은 렌즈 지름이 102센티미터이며, 여키스 천문대에 있다.

반면 반사망원경은 반사거울의 한쪽 면만 연마해도 되고 테두리와 뒷면 전체를 활용하여 하중을 지탱할 수 있는 장점이 있어 대형화에 매우 유리하다. 이런 장점 때문에 현재 사용하는 대형 망원경은 모두 반사망원경이다.

:: 망원경을 설치하는 두 가지 방법

망원경을 설치하는 방법은 적도의 방식과 경위도 방식 등 두 가지가 있다. 적도의 방식은 하나의 축을 하늘의 북극점 또는 남극점을 향하게 맞추고, 또 하나의 축은 하늘의 적도면에 수평하게 맞춘다. 서쪽에서 동쪽으로 하루에 한 바퀴 회전하는 지구의 자전 효과에 의해 하늘의 별들은 하늘의 극점을 중심으로 동쪽에서 서쪽 방향으로 하루에 한 바퀴 회전하는 것처럼 관측된다. 그러므로 망원경을 적도의 방식으로 설치하여 하늘 면의 하나의 천체를 찾으면 하늘의 적도면과 편평하게 회전하는 별을 추적하기가 매우 용이한 큰 장점이 있다. 그러나 적도의 방식의 망원경은 극점 방향의 축이 지표면에 경사지게 설치되므로, 가벼운 소형 망원경의 경우에는 큰 문제가 없으나 무거운 대형 망원경의 경우에는 기계적으로 매우 불안정하게 된다. 전 세계의 천문대

◀ 적도의 방식 망원경
➡ 경위도 방식 망원경

에 설치되어 있는 망원경을 살펴보면 지름 4미터급 이하의 망원경은 적도의 방식으로 설치된 경우가 많다.

한편 경위도 방식은 하나의 축은 하늘의 천정 지점으로 향하고, 하나의 축은 지평면에 평행하게 맞춘다. 이러한 경우 하늘의 극점을 중심으로 회전하는 천체를 추적하는 것이 비교적 어렵지만, 현재는 컴퓨터를 활용한 자동 추적 장치를 활용하기 때문에 크게 문제는 없다. 경위도식 망원경은 지평면에 평행하게 설치되므로 기계 구조적으로 매우 안정적이어서 전 세계 천문대에 설치되어 있는 지름 8미터급 이상의 대형 망원경들은 모두 이 방식을 따라 설치되어 있다.

:: 별을 더 잘 보기 위해서

천체 관측에 망원경을 사용하는 기본적인 이유는 천체의 빛을 모아 더 어두운 천체를 더 정밀하게 관측하며, 그리고 가까운 태양계 천체들에 대해 가능한 더 크게 관측하기 위해서이다. 이러한 특성들을 각각 집광력, 분해능, 배율이라고 한다.

더 어두운 천체를 잘 보기 위해서는 망원경의 빛을 모으는 능력이 좋아야 한다. 이를 집광력이라고 하는데, 집광력은 망원경의 대물렌즈 또는 주 반사거울의 면적이 크면 더 좋아진다. 둥근 반사거울의 경우를 생각하면 면적은 지름의 제곱에 비례한다. 그러므로 지름 1미터 반사망원경에 비해 지름 2미터 반사망원경은 4배의 집광력을 가지므로

4배 더 어두운 천체를 볼 수 있으며, 만약 같은 천체의 경우 4배 더 밝게 관측할 수 있다.

한편 어떤 대상을 더 정밀하게 관측한다는 것은 더 정밀한 작은 각도로 대상을 확인할 수 있다는 것을 의미한다. 시력이 나쁜 사람이 안경을 착용해야 대상을 더 정밀하게 볼 수 있는 것과 같다. 이러한 능력을 분해능이라고 하며 망원경의 지름이 클수록 분해능이 더 좋아, 더 작은 각 정밀도로 천체를 관측할 수 있다. 지름 1미터의 반사망원경에 비해 지름 2미터의 반사망원경은 2배의 분해능을 가지므로, 2배 더 작은 각도의 정밀도로 천체를 명확하게 관측할 수 있다. 또한 망원경의 분해능은 관측하는 파장이 짧을수록 더 좋아진다. 적외선 영상을 떠올려 보면 좀 더 이해하기 쉬울 것이다. 우리 자신의 모습을 가시광선으로 찍은 사진과 적외선으로 찍은 사진을 비교해 보면, 가시광선으로 찍은 사진이 훨씬 더 정밀한 각 분해능을 갖는다는 사실을 쉽게 알 수 있다.

망원경의 성능 중에서 천체를 더 확대하여 크게 볼 수 있는 능력을 배율이라고 하는데, 이는 망원경의 대물렌즈 또는 주 반사거울의 초점거리와 접안렌즈의 초점거리의 비 값으로 정의된다. 초점거리는 볼록렌즈 또는 오목거울 면으로부터 빛이 모이는 지점까지의 거리를 말한다. 만약 대물렌즈의 초점거리가 100센티미터, 접안렌즈의 초점거리가 1센티미터이면 배율은 100이 되고 2센티미터이면 배율은 50이 된다. 즉 접안렌즈의 초점거리가 짧을수록 배율은 더 커진다. 일반적인 망원경들은 접안렌즈를 바꿔 낄 수 있어 배율을 변화시킬 수 있다. 그런데 태양계 안에 있는 가까운 천체를 제외하고는 대부분의 별들이 매우 멀리 있기 때문에 망원경의 배율이 아무리 커도 별을 확대하여 볼 수 없다. 따라서 배율은 천체 망원경의 성능을 따질 때 가장 중요한 특성은 아니다.

:: 전파로 우주를 보다

우주에서 지구 표면으로 전달되는 빛 중에서 파장의 크기가 수 밀리미터에서 40미터 정도의 전파는 지구 대기의 전파 창을 통해 지표면까지 도착한다. 이와 같은 전파를 관측하는 기기가 전파망원경이다.

우주로부터 전달되는 전파는 1932년 잰스키가 우연히 발견했다. 잰스키는 단파 통신 잡음을 조사하던 중 매 24시간마다 반복적으로 확인되는 전파 신호를 확인했는데, 나중에 이 전파원이 우리은하 중심부에서 방출되는 것임이 밝혀졌다. 잰스키의 우주 전파원 발견 이후 레버는 지름 9미터의 전파망원경을 직접 제작하여 최초로 하늘 전체 영역에 대한 전파 탐사를 수행했고, 이후 전파망원경을 활용한 우주의 빛 정보 탐사는 급속도로 발전했다.

망원경들을 살펴보면 가시광선 광학망원경은 지름이 커 봐야 수 미터 정도 되지만 전파망원경은 지름이 10미터 이상 되는 것이 많다. 이는 전파의 파장이 길기 때문에 망원경의 지름을 최대한 크게 하여 분해능을 최대한 높이기 위해서다. 세계에서 가장 큰 전파망원경은 푸에르토리코에 있는 아레시보 전파망원경으로, 주 반사면의 지름이 무려 305미터에 이른다. 둥근 골짜기를 덮고 있으며 고정되어 있다.

우리은하와 우주 전체에 가장 많은 원소인 중성 수소는 21센티미터 전파를 발산하는데, 그 특성은 전파망원경을 통해서만이 관측이 가능하다. 또한 펄서와 퀘이사, 활동성 은하핵 등에서 나오는 전파도 전파망원경으로 확인할 수 있다. 따라서 전파는 우주의 기원을 파헤치는데 핵심적인 역할을 하고 있다. 전파는 파장이 길기 때문에 성간 물질에 의한 산란을 거의 받지 않으며, 가시광선으로 볼 수 없는 암흑 성운의 뒤쪽 등도 관측할 수 있는 장점을 가지고 있다.

:: 여러 개의 망원경을 합쳐서

전파는 파장이 길기 때문에 전파망원경은 가시광선을 관측하는 광학망원경에 비해 분해능이 아주 낮다. 따라서 전파망원경은 최대한 더 좋은 분해능을 얻기 위해 망원경의 지름을 최대한 크게 하려고 노력한다. 그러나 건축물의 구조상 망원경의 크기를 늘리는 데에 한계가 있으므로 다수의 작은 전파망원경을 넓게 배열해서 하나의 천체를 동시에 관측하는데, 이를 간섭계라고 한다.

여러 개의 망원경으로 하나의 천체를 동시에 관측하면 망원경들의

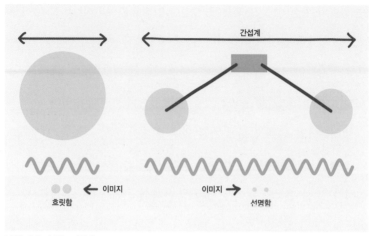

간섭계

이미지 →

호릿함

이미지 →

선명함

분해능을 높여 주는 간섭계

배열에 해당하는 전체의 지름에 비례하여 분해능이 급격히 향상된다. 물론 망원경의 개수가 많아지면 반사경의 표면적에 비례해서 집광력도 커진다. 미국 뉴멕시코에 있는 VLA^Very Large Array는 간섭계를 활용한 전파망원경의 좋은 예로서 지름 25미터의 전파망원경 27대를 Y자 형태로 배열하여 지름 약 36킬로미터에 해당하는 망원경 분해능을 확보할 수 있다.

지구 곳곳에 설치되어 있는 전파망원경들을 활용하여 하나의 천체를 동시에 관측하는 초장기선 전파 간섭계도 우주 전파 관측에 쓰인다. 특히 최근에는 전파 인공위성과 지상의 대형 전파 망원경을 연결하는 지상~우주 간 전파 간섭계도 활용하고 있다. 1997년 초에 일

27대의 전파망원경이 Y자 형태로 배열된 VLA

본이 발사한 전파 안테나-인공위성을 이용한 VSOP^{VLBI Space Observatory} ^{Program} 프로젝트는 지구의 크기보다 더 큰 지름을 갖는 전파 간섭계 이다.

한편 이러한 간섭계의 원리는 광학망원경에도 일부 적용되고 있다. 하와이 마우나케아산의 켁 망원경은 지름 10미터 망원경 2대를 하나 로 묶는 광학 간섭계를 구현하여 천체를 동시에 관측했다. 또한 유럽 남방천문대^{ESO}가 운영하는 칠레의 파라날 천문대에서는 지름 8.2미터 의 광학망원경 4대와 지름 1.8미터의 망원경 4대를 연결한 광학 전파 간섭계로 천체 정밀 관측을 하고 있는데, 지름 130미터 단일 반사망원경만큼의 분해능을 가진다.

:: 최적의 장소

망원경은 도시의 인공 불빛으로 인한 광공해가 최대한 없으며, 대기에 의한 별빛의 흡수가 적고, 맑고 건조한 날이 많은 곳에 주로 건설된다. 전 세계적으로 최고 성능의 망원경이 설치되어 있는 대표적인 천문대는 하와이 마우나케아산의 정상, 칠레의 안데스 산맥 고산지대, 남아프리카공화국 서덜랜드, 미국 애리조나 키트픽, 스페인 카나리섬 라팔마 등에 있다. 이 지역들은 해발고도가 대부분 2,000미터 이상이며 구름에 의한 여러 가지 대기 현상이 많이 생기지 않기 때문에 맑은 하늘이 유지되는 날이 많아 천문 관측에 매우 유리하다. 해발고도가 약 4,200미터나 되는 하와이 마우나케아산, 그리고 칠레 안데스산맥 고산지대는 1년에 맑은 날이 거의 300일이나 된다.

다만 전파망원경은 경우에 따라 도시 근처에 설치하기도 하는데, 방송이나 통신에서 사용하는 파장대와 겹치지 않는 전파 영역 우주 관측을 하는 경우에는 크게 지장을 받지 않기 때문이다.

:: 우주에 올라간 망원경

우주의 천체들은 감마선에서부터 전파에 이르기까지 전 파장 영역의 빛을 낸다. 그러나 지구 대기의 효과에 의해 모든 파장 영역의 빛이 지구 표면에 도달할 수 없다. 우주 과학 기술이 발전하면서 1970년대 이후 우주 궤도에 위치하는 우주망원경을 활용한 전 파장 영역의 우주 관측이 활발히 이루어졌다.

가시광선 및 전파 영역의 파장대도 우주에서 관측하면 지구 대기의 산란 또는 흡수가 전혀 없기 때문에 정밀하게 관측할 수 있다. 콤프턴 감마선 우주망원경, 찬드라 엑스선 우주망원경, 국제 자외 탐사 위성[IUE], 스피처 적외선 우주망원경, 코비[COBE] 서브밀리미터파 우주망원경 등이

갈렉스. 우리나라가 주도적으로 참여한 최초의 우주망원경이다.

지구보다 큰 망원경

우주에서 관측하는 대표적인 망원경이다. 특히 1990년 발사하여 지금까지 운영하고 있는 허블 우주망원경은 지름이 2.4미터이며 가시광선 영역이 주요 관측 파장 영역이지만, 지구 대기의 방해를 전혀 받지 않으므로 지상의 지름 10미터급 망원경들보다 훨씬 좋은 최고의 분해능을 가지고 수많은 초정밀 천체 관측 자료를 보내오고 있다. 한편 2004년 발사된 자외선 우주망원경 갈렉스GALEX는 미국, 프랑스, 그리고 우리나라 연구진이 공동으로 개발하여 발사한 것으로, 우리나라가 주도적으로 참여한 최초의 우주망원경이라는 데 큰 의미가 있다.

: : 점점 커지는 망원경

지상에 건설한 광학 반사망원경들은 대형화 추세를 걷고 있으며 유효 지름이 8~11미터에 해당되는 망원경들이 세계 곳곳에 설치되어 있다. 유효 지름 기준 세계 최대의 광학망원경은 미국 애리조나 그레이엄산에 위치한 LBTLarge Binocular Telescope이다. 이 망원경은 지름 8.4미터의 주 반사거울을 가진 2개의 망원경을 동시에 이용해서 관측하는 형태의 망원경으로, 유효 지름 11.8미터의 망원경처럼 작동하는 쌍안경이라고 할 수 있다. 실제 지름을 기준으로 하면 하와이 마우나케아산에 위치한 지름 10미터의 켁 망원경, 스페인 카나리섬에 위치한 지름 10.4미터의 GTCGran Telescopio CANARIAS, 남아프리카공화국 서덜랜드에 위치한 지름 9.2미터의 SALTSouthern African Large Telescope 등이 대표적인 대형 광학망원경이다. 이 망원경들은 여러 개의 작은 반사거울을 조합하여 큰 주 반사거울을 만드는 형태이다. 하나의 단일 주 반사거울을 갖는 대표적인 대형 광학망원경으로는 하와이 마우나케아산에 위치한 제미니 망원경과 일본 소유의 스바루 망원경 등이 대표적인데, 주 반사거울의 지름은 8미터에 이른다.

:: 우리나라 망원경

한편 우리나라에서 교육과 연구를 위해 도입한 최초의 광학망원경은 1928년 현 연세대학교의 전신인 연희전문학교에 설치되었던 지름 15센티미터의 굴절망원경이다. 이 망원경은 우리나라 최초의 이학박사인 천문학자 이원철 교수가 당시 연희전문학교 천문학 수업에 활용했으며 당시의 모습이 졸업앨범에 수록되어 있다. 그러나 안타깝게도 이 망원경은 태평양 전쟁과 해방 전후 혼란기에 원인 불명으로 유실되어 지금도 찾지 못하고 있다.

우리나라에 도입된 최초의 광학망원경.
연희전문학교 1929년 졸업앨범에 수록되어 있다.

1974년 국립천문대를 발족하면서 소백산 천문대를 설치하고 여기에 지름 61센티미터 반사망

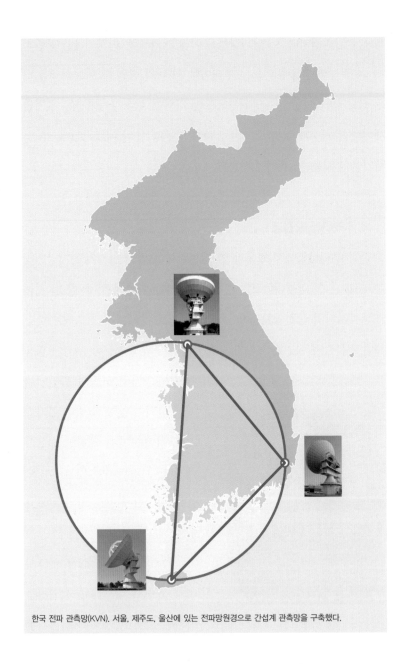

한국 전파 관측망(KVN). 서울, 제주도, 울산에 있는 전파망원경으로 간섭계 관측망을 구축했다.

원경을 도입해 우리나라 천문 관측 연구가 많이 발전했다. 1980년에는 연세대학교 천문대 일산관측소에 지름 61센티미터 반사망원경을 설치했다. 1996년에는 한국천문연구원 보현산 천문대에 현재 우리나라가 보유하고 있는 가장 큰 망원경인 지름 1.8미터 망원경을 설치해 천문 관측에 적극 활용하고 있다.

한편 우리나라 최초의 전파망원경은 1985년 대전 한국천문연구원에 설치한 지름 14미터급 망원경이다. 2005년 이후 한국천문연구원의 주도로 지름 21미터의 전파망원경 3대를 연세대학교, 울산대학교, 탐라대학교에 각각 설치하여 전체 지름 500킬로미터 크기의 전파망원경에 해당하는 분해능을 갖는 밀리미터 전파 영역 전용 간섭계 관측망을 구축했다.

:: 초대형 반사망원경

망원경 제작 기술이 점차 첨단화되고 발전하면서 전 세계 천문학자들은 더욱 큰 지름을 갖는 초대형 반사망원경을 만들기 위해 노력하고 있다.

대표적인 예로 거대 마젤란 망원경Giant Magellan Telescope(GMT)은 지름 8.4미터의 반사거울 7개를 조합하여 전체 지름 25미터의 주 반사거울을 갖도록 설계되었다. 이 망원경은 미국, 호주, 한국이 주도적으로 참여해 국제 컨소시엄을 구성하여 진행하고 있다. 현재 칠레의 라스캄파나

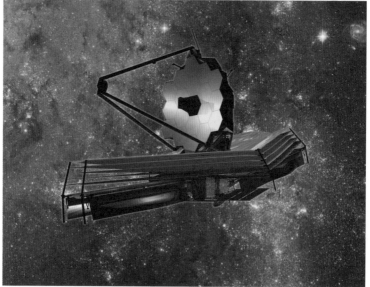

↑ 거대 마젤란 망원경
↓ 제임스 웹 우주망원경

스 천문대에 건설 중이며 2021년 완공될 예정이다. 한편 유럽남방천문대에서는 E-ELT^{European-Extremely Large Telescope}라는 지름 42미터의 반사망원경을 만들고 있다. 미국과 캐나다 등이 주도하는 지름 30미터의 TMT^{Thirty Meter Telescope} 프로젝트도 진행 중이다. 이 거대한 지상 망원경들은 첨단 기술과 결합해 허블 우주망원경의 10배에 달하는 분해능으로 초정밀 우주 관측을 할 수 있으리라 기대된다.

뿐만 아니라 미국항공우주국^{NASA}의 주도로 지름 2.4미터급 허블 우주망원경의 대를 이을 지름 6.5미터급 제임스 웹 우주망원경^{James Webb Space Telescope(JWST)}이 현재 제작 중이다. 앞으로 초대형 망원경을 활용하면 그동안 보지 못한 우주의 새로운 모습을 볼 수 있을 것이다.

5

톡 터지는 맛 빅뱅

신의 손가락이 보인다

톡 터지는 맛

우주 배경 복사는 정확히 빅뱅 우주론이 예측한 대로였다.
한 천문학자는 "신의 손가락이 보인다"라고 말했다.

:: 빅뱅 우주론의 탄생

허블은 안드로메다성운이 수많은 별들로 이루어져 있는 '은하'라는

것을 알아냈고, 이 은하에 속한 세페이드 맥동 변광성의 거리를 계산하

여 안드로메다은하가 우리은하 밖에 있는 외부은하라는 사실도 밝혀

냈다. 그리고 30여 개의 성운을 연구해 이들 역시 먼 거리의 외부은하

라는 것을 확인했다. 또한 이 은하들이 서로에 대해 모든 방향으로 멀

어지며, 은하들의 거리가 멀수록 멀어지는 후퇴 속력이 더 커진다는

것도 알아냈다.

허블이 1929년 발표한 이 사실은 아인슈타인의 상대성 이론과 서

로 맞아떨어져 우주가 팽창한다는 것은 명백한 사실로 받아들여지게 되었다. 조지 가모브는 이것을 더 발전시켜 대폭발 빅뱅 우주론을 제창했다. 빅뱅 우주론은 우주는 빅뱅 이후 팽창을 지속하며 시간에 따라 모습이 변화한다는 일종의 진화 우주론이다.

1952년 당대 최고의 천문학자 호일은 우주의 시공간이 무한하고 과거와 현재가 동일하다는 '정상 상태 우주론'을 발표했다. 정상 상태 우주론은 고대 철학자들의 사상과 비슷했다. 우주의 시간은 처음도 끝도 없으며, 우주의 평균 밀도는 언제나 일정하며, 우주의 모습은 공간적으로 모든 지점에서 동일하고, 예나 지금이나 항상 같은 모습을 유지한다는 이론이다.

정상 상태 우주론에서도 허블이 증명한 우주의 팽창은 인정했다. 우주의 팽창으로 인해 우주의 밀도가 감소하는 만큼 공간에서의 새로운 물질이 연속적으로 생성된다는 가정을 전제로 했다. 실제 정상 상태 우주론에서의 물질 생성률은 10억 년 동안 1세제곱미터의 공간에 1개의 수소 원자가 생겨나는 정도의, 관측적으로 검증하기가 어려운 매우 낮은 값으로 예측되었다. 이러한 가정은 공간에서의 질량 보존의 법칙을 위반하는 것이었지만, 변하지 않는 완벽한 우주를 주장하기 위해 채택할 수밖에 없었다.

빅뱅 우주론 역시 무無에서 우주가 창조되었다는 것을 가정하고 있었으므로 당시로서는 정상 상태 우주론보다 더 옳은 것이라고 확정할 수 없었다. 그러나 이후 다양한 관측적 증거들이 발견되면서 빅뱅 우주론이 현대 표준 우주론으로 자리 잡게 되었다.

이제 빅뱅 우주론의 핵심적인 증거들을 살펴보자. 앞에서 살펴본 허블의 법칙뿐만 아니라 헬륨양, 우주 배경 복사, 퀘이사가 빅뱅 우주론을 뒷받침하는 결정적인 단서가 된다.

:: 첫 번째 증거: 헬륨양

빅뱅 우주론의 첫 번째 관측적 증거는 헬륨양이다. 팽창하는 우주는 우주의 초기로 갈수록 크기는 작아지고 온도는 높아진다. 현재 공간의 온도가 절대온도 3도로 관측되는 우주의 크기를 1로 가정하면, 우주가 형성된 후 1초가 지난 시점에 우주의 크기는 지금의 100억분의 1이고 온도는 약 100억 도이며, 우주 초기 1만 년의 시점의 우주의 크기는 지금의 약 6,000분의 1이고 온도는 약 1만 도이다.

가모브와 알퍼는 빅뱅 우주론을 기반으로 시간에 따라 우주가 커져가는 비율과 온도가 낮아지는 경향을 계산하면서, 시간에 따르는 우주에서의 물질 상태의 변화를 연구했다. 이들의 연구에 따르면 우주는 형성 이후 1초 이전에 1조 도 이상의 고온 상태로 강입자 시대를 보내면서 물질의 기본 입자인 쿼크로 구성되는 수소 원자의 핵인 양성자와 중성자 같은 강입자들을 만든다. 우주 형성 이후 약 1초의 시점에는 전자와 같은 가벼운 입자들이 만들어진다. 그리고 우주의 나이가 10초일 때 약 100억 도의 온도 환경에서 고속으로 움직이는 양성자들의 핵합성 반응이 일어나며, 이로부터 알파 입자로 불리는 헬륨의 핵이 만들어지는 전 우주적 핵합성 반응이 일어난다. 우주의 나이가 3분에 이르기까지 1억 도 이상의 온도가 유지되는 동안 이러한 핵합성 반응이 지속되며, 이때에 이르러 우주에 존재하는 물질은 거의 100퍼센트의 질량이 약 3대 1의 비율로 수소와 헬륨의 상태로 존재했으며, 극소량의 중수소 베릴륨, 리튬 등이 생성되었다.

태초의 3분이 지난 후 지속적인 우주 공간의 팽창과 더불어 우주의 온도와 물질 밀도도 떨어져 핵합성을 통한 새로운 물질의 형성은 일어나지 않게 되었다. 38만 년의 시간이 지나면서 수소 원자핵과 헬륨 원자핵이 전자와 결합하여 원자들을 형성한다.

그리고 우주 형성 이후 약 10억 년의 팽창을 경험한 시점에서 처음으로 별과 은하들이 수소와 헬륨 원자가 대부분인 물질들로부터 만들어지고, 1억 도 이상의 고온 상태가 나타나는 별의 내부에서 핵융합이 일어나면서 수소와 헬륨 외의 무거운 원소들을 만든다. 별들은 초신성 또는 신성의 형태로 나타나는 죽음을 통해 우주 공간에 새롭게 만든 중원소들을 첨가시키며, 이러한 과정이 현재까지 지속되고 있는 것이다.

:: 수소와 헬륨의 양

이와 같이 빅뱅 우주론에 근거하면 우주 공간을 채우는 물질은 수소가 76~78퍼센트 정도의 질량을 차지하고 헬륨이 22~24퍼센트 정도의 질량을 차지하며, 그 외의 중원소들은 극소량이 질량을 가지는 것으로 예측된다. 가장 나이가 오래된 우주 초기의 별들이 갖는 헬륨의 양을 측정해 보면 확인할 수 있다.

우주 공간에 분포하는 헬륨의 양은, 먼 천체에서 오는 빛이 공간에 분포하는 기체와 반응하면서 생기는 현상을 관측하여 유추할 수 있다. 또는 매우 밝은 별이 팽창하면서 주변의 기체와 반응하면서 나타내는 현상을 확인하여 유추할 수도 있다. 이러한 방법으로 알아낸 결과 우주 초기의 헬륨양이 놀랍게도 22~25퍼센트였으며, 이는 빅뱅 우주론이 옳다는 매우 중요한 관측적 핵심 증거로 받아들여지게 되었다.

한편 가모브를 비롯한 연구자들이 빅뱅 우주론을 발표했을 때, 빅뱅 우주론으로는 우주에서 확실하게 관측되는 탄소나 질소, 철과 같은 나머지 원소들의 존재는 전혀 설명할 수 없다는 지적을 받기도 했다. 그러나 이 문제는 오히려 정상 상태 우주론의 핵심 과학자였던 호일과 그의 동료 연구자들이 이 문제를 해결했다. 그들은 우주에 존재하는 탄소를 포함한 모든 중원소들이 고온의 별의 중심부에서 생겨나며, 별의 진화 과정을 통해 우주 공간에 중원소를 증가시킨다는 사실을 핵융합 이론에 기초하여 증명했다. 이는 빅뱅 초기 우주에서의 핵융합 과정에서는 수소와 헬륨까지만 형성된다는 것을 간접적으로 증명하는 것이었다. 이 연구의 결과로 호일의 동료였던 파울러는 1983년 노벨 물리학상을 받았다.

:: 두 번째 증거: 우주 배경 복사

빅뱅 우주론의 두 번째 관측적 증거는 우주 배경 복사이다. 지상에서 별이나 천체가 없는 우주 배경 공간에 대한 빛 에너지를 살펴보면 모든 공간에서 균질하게 마치 절대온도 3도의 온도를 갖는 물체가 에너지를 내는 것처럼 보인다.

특정 온도를 가진 모든 물체가 고유한 에너지를 내는 현상을 에너지 복사라고 하는데, 파장에 따라 내는 에너지의 양은 물리학적으로 플랑크의 흑체 복사 공식에 따른다. 즉 온도가 높은 물체는 짧은 파장에서 에너지를 많이 내고 온도가 낮은 물체는 긴 파장에서 에너지를 많이

코비 위성이 관측한 우주 배경 복사

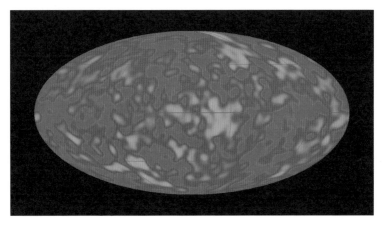

낸다. 예를 들면 태양은 표면 온도가 절대온도 약 6,000도에 해당되므로 가시광선의 노란색 파장 영역에서 제일 큰 에너지를 낸다. 사람의 몸은 섭씨온도가 약 37도에 해당되므로 적외선 파장 영역에서 제일 큰 에너지를 낸다.

우주 배경 공간은 절대온도 3도, 섭씨온도로는 −270도 정도인데 이 경우 파장이 1~2밀리미터 되는 마이크로파 에너지를 낸다. 다시 말해 우주의 배경 공간을 관측하면 공간 전체 영역에서 절대온도 3도에 해당하는 마이크로 전파가 매우 균질하고 일정하게 관측되는데, 이것이 바로 우주 배경 복사이다. 그러면 이와 같은 균질한 우주 배경 복사 현상이 왜 빅뱅 우주론의 중요한 관측적 증거가 되는지 자세히 알아보자.

:: 맑게 갠 우주

가모브와 알퍼의 빅뱅 우주론에서 우주 초기 3분 동안에 쿼크와 양성자, 중성자, 전자, 수소와 헬륨의 원자핵 등이 형성된다는 것은 앞에서 이야기했다. 이때까지의 우주는 크기가 매우 작아서 입자의 밀도가 매우 높을 뿐만 아니라, 온도도 매우 높아서 이러한 입자들은 매우 빠른 운동을 하는 상태를 유지한다. 특히 온도가 매우 높기 때문에 모든 입자들은 이온화 상태로 원자핵과 전자들은 분리되어 있으며, 원자핵이 우연히 전자와 결합하여 원자의 상태로 된다 하더라도 고에너지의 광자, 즉 빛과 충돌하여 다시 원자핵과 전자는 분리된다. 이러한 경우는 빛과 물질이 맹렬한 상호 작용을 하는 상태로서 빛 자체가 공간을 투명하게 움직이지 못하는 상태이다. 마치 짙은 안개 속에 빛과 물방울이 혼탁하게 섞여 밖에서 바라보면 안개 속을 전혀 볼 수 없는 경우와 유사하다.

그러나 우주의 팽창이 지속되면서 약 10만 년의 시간이 지나면 우주 공간이 확장되면서 입자들의 밀도와 공간 온도가 점점 낮아져 수천 도에 이르게 되고 입자들의 운동이 점점 느려진다. 이러한 우주 환경에서 원자핵들과 전자들은 드디어 상호 결합이 일어나며 원자를 형성하고, 이에 따라 우주 공간의 밀도가 반으로 뚝 떨어지게 된다. 그리고 원자핵과 전자의 결합을 방해하던 고온의 광자, 즉 빛은 안정적으로 결합된 원자들로부터 분리되어 우주 공간을 자유롭게 움직이는 상태가 된다. 드디어 혼탁한 안개와 같은 우주가 물질과 빛이 분리된 맑게 갠 우주의 모습을 띠게 되는 것이다.

이때가 바로 우주 형성 이후 38만 년으로 우주의 온도는 절대온도 3,000도가 된다. 이때 물질로부터 분리된 빛은 마치 절대온도 3,000도에 해당하는 물체가 에너지를 복사하는 것과 같은 특성을 지닌다.

: : 우주의 팽창

우주의 나이 38만 년 이후에도 우주는 계속 팽창한다. 이때부터 우주의 팽창은 빅뱅의 팽창 에너지와 우주 공간 속의 물질에 의한 중력의 지배를 받으면서 진행된다. 물질로부터 분리된 3,000도 온도의 에너지 복사에 해당하는 최초의 빛은 우주 공간을 자유롭게 움직인다. 그런데 이 빛은 우주 공간이 지속적으로 팽창하면서 원래 에너지보다 파장이 긴 에너지의 빛으로 점차 변형된다. 이것을 우주론적 적색편이 현상이라고 한다.

137억 년이 지난 지금까지 팽창하는 우주 공간을 떠돌아다니던 빛의 파장은 수 밀리미터의 크기를 갖는 마이크로파로 변형되어, 마치 절대온도 3도의 온도를 가진 물체가 내는 빛 에너지의 형태로 현재의 우주 공간에 균일하게 산재되어 있을 것이다. 바로 이러한 빅뱅 현상에 대한 이론적 원리를 토대로 가모브와 알퍼는 분리 시기~38만 년에 우주에 가득하던 태초의 빛~절대온도 3,000도이 우주의 팽창으로 인한 적색편이 현상으로 현재 긴 파장~절대온도 3도으로 변형되어 관측될 것이며, 그 빛은 현재 우주 공간 전체에 대하여 등방적으로 분포하고 있을 것이라고 예측했다.

:: 태초의 빛

하지만 빅뱅 이후 태초의 빛 우주 배경 복사를 관측하기는 어려웠고 예측된 지 10여 년이 지나도록 발견하지 못했다. 1960년대에 들어 미국 프린스턴대학교의 천체물리학자들은 마이크로파를 검출할 수 있는

펜지어스와 윌슨은 태초의 빛을 관측한 공로로 노벨 물리학상을 받았다.

전파망원경을 개발하여 우주 배경 복사 관측에 최선의 노력을 기울였다.

그런데 뜻밖에도 우주 배경 복사는 전혀 다른 곳에서 두 과학자 펜지어스와 윌슨이 처음 발견했다. 1960년대 초반 이들은 미국 뉴저지주 벨 연구소에서 인공위성을 활용한 국제 통신 기술을 개발하기 위해 마이크로 전파 안테나를 설치하고 신호와 잡음을 연구하고 있었다. 그런데 원활한 통신을 방해하는 원인을 알 수 없는 잡음이 끊임없이 생겼다. 전자 회로를 재확인하고, 불량 전기선들을 교체하는 등 관측 장비를 분해하고 재조립하고, 심지어는 안테나에 쌓여 있는 새들의 분비물을 제거하기까지 했다. 그런데도 이 잡음들은 없어지지 않았다.

놀랍게도 이 잡음은 어느 특정한 방향에서 오는 것이 아니고 하늘 전체의 모든 방향에서 균일하게 오는 잡음이었다. 펜지어스와 윌슨은 인접한 프린스턴대학교 천체물리학자들이 우주 전체에서 오는 마이크로 전파를 찾기 위해 안테나를 세운다는 소식을 듣고 그들과 논의했다. 그때 비로소 자신들이 발견한 이 잡음이 빅뱅 우주론이 예측하는 우주 배경 복사 현상에 의해 일어난다는 것을 알게 되었다. 그리고 이들은 1965년 천체물리학저널에 이러한 내용을 설명한 세 쪽짜리 연구 논문을 발표했다. 13년이 지난 1978년 펜지어스와 윌슨은 '태초의 빛'을 관측한 공로로 노벨 물리학상을 받았다. 그러나 우주 배경 복사를 이론적으로 예측한 가모브는 1968년 세상을 떠나 노벨상을 수상하지 못했다.

:: 신의 손가락이 보인다

1989년 미국항공우주국^{NASA}은 '코비^{COBE(Cosmic Background Explorer), 우주 배경 복사 탐사선}'라는 마이크로 전파 관측용 인공위성을 우주 궤도에 올려 전 우주 공간에서 절대온도 2.725도에 해당하는 물체가 마이크로 파장 영역에서 빛 에너지를 내는 것과 같은 '우주 배경 복사'를 정밀 관측하는 데 성공했다. 이 우주 배경 복사의 빛 스펙트럼은 빅뱅 우주론이 예측하는 것과 완전히 일치했다. 이 계획에 참여했던 한 천문학자는 "신의 손가락이 보인다"라고 말했을 정도였다.

한편 코비 위성의 우주 배경 복사를 정밀 분석한 결과 우주의 또 다른 정보를 알게 되었다. 우주 배경 복사의 온도가 전 하늘에 걸쳐 10만분의 1도 정도의 매우 작은 요동이 있다는 것이었다. 그 후 천문학자들은 이러한 미세한 비균질성이 우주 물질의 씨앗으로 작용하여 현재 우주의 전 영역에서 보이는 거대한 그물 형태의 우주 거대 구조를 만들었으며, 은하와 별들이 이러한 거대 구조의 틀 안에서 태어났다는 사실을 규명했다. 2006년 매더와 스무트는 코비 위성의 관측 연구를 바탕으로 정밀한 우주 배경 복사를 관측하고 미세한 비균질성을 발견한 공로로 노벨 물리학상을 받았다.

:: 끝없는 도전

우주의 기원을 알아내기 위한 도전은 끝이 없다. 코비 위성을 띄운 10여 년 후 미국항공우주국은 우주 배경 복사 비등방성 탐사를 위해 더블유맵WMAP(Wilkinson Microwave Anisotropy Probe), 윌킨슨 마이크로파 비등방성 탐사 위성을 지구로부터 150만 킬로미터나 떨어진 먼 우주 궤도에 올렸다. 이 지점은 '라그랑주 2 지점'이라고 하는데, 태양과 지구의 인력과 지구의 원심력이 균형을 이루는 매우 안정적인 지점이다. 이곳에 우주 관측 위성을 띄우면, 태양이나 지구, 또는 달이 내는 빛의 방해를 매우 적게 받기 때문에 우주 관측의 효율성이 매우 좋아진다. WMAP 위성에 고해상도 관측 기기를 탑재하여 코비 위성이 발견한 우주 배경 복사의 분포와

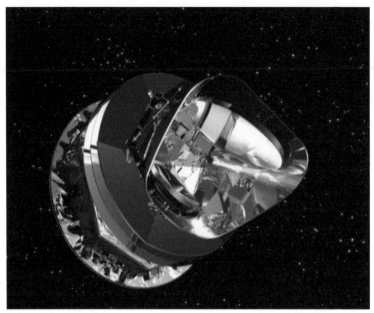

플랑크 위성

비균질성의 특성을 더욱 정밀하게 관측했다.

한편 2009년 유럽우주기구[ESA]는 WMAP 위성보다 훨씬 더 선명한 관측 해상도를 갖춘 플랑크 위성을 라그랑주 2 지점에 쏘아 올려 우주 배경 복사를 초정밀 관측했다. 최고의 관측 정밀도를 갖춘 플랑크 위성으로 15.5개월 동안 관측한 결과를 바탕으로 전 우주의 우주 배경 복사 지도를 작성하여 기존의 코비 위성과 WMAP 위성의 관측 결과를 정밀 검증했다. 그리고 우주의 팽창의 속도를 표현하는 허블 상수가 기존에 알려진 것보다 낮은 것으로 측정하여, 우주 나이가 기존에 알려진 137억 년보다 1억 년 가까이 더 늘어난 138억 년 정도가 될 것이라는 새로운 사실 등을 발표하여 현재 천문학자들이 큰 관심을 가지고 있다.

:: 지금 우리는 137억 년 전의 빛과 함께하고 있다

우주 형성 38만 년 후, 빛은 물질과 분리되어 우주 공간을 자유롭게 움직일 수 있게 되었다. 그 빛이 137억 년의 우주의 팽창을 전적으로 경험하고, 현재 이 순간 절대온도 약 3도에 해당하는 마이크로 전파의 형태로 바로 우리 곁에 존재하고 있다. 지금도 우주 배경 복사의 형태로 우주를 꽉 채우고 있는데 이것은 우주가 빅뱅에 의해서 형성되고 팽창해 왔다는 사실을 증명해 주는 직접적인 증거이다.

요즘 많이 사용하지는 않지만 예전에 아주 흔했던 아날로그 텔레비전에서 여러분도 본 적이 있을 것이다. 지상파 정규 방송이 끝나면 '지지지직' 하는 소리와 함께 잡음으로 가득 찬 화면이 나타난다. 그 잡음의 1퍼센트, 즉 잡음의 100개 중에서 1개는 우주 배경 복사 특성을 갖는 137억 년 전 우주의 태초의 빛이다. 그 태초의 빛이 지금 바로 우리 곁에 산재하고 있다. 이 시간 우리는 137억 년 전의 빛과 함께하고 있는 것이다.

퀘이사(상상도)

:: 세 번째 증거: 퀘이사

빅뱅 우주론의 또 다른 관측적 증거로 퀘이사의 특성을 들 수 있다. 퀘이사는 지구에서 관측이 가능한 가장 먼 거리, 즉 우주의 초기 시점에 분포하는 천체로 은하 형성 초기의 모습이며 매우 강력한 에너지를 발산한다. 퀘이사는 우주가 형성된 후 10억~20억 광년 지역의 과거의 우주에 집중적으로 존재하며 우리로부터 거리가 멀수록 더 많이 분포한다. 이와 같은 퀘이사의 특성은 과거의 우주가 현재의 우주와 달랐으며, 우주의 모습은 시간에 따라 변화한다는 빅뱅 우주론에 의한 우주의 팽창 현상을 잘 뒷받침하는 결과이다.

또한 퀘이사는 초거대 질량 블랙홀을 포함하는 초기 은하의 핵으로, 블랙홀이 커질 때 연료를 공급받아 거대한 에너지를 방출하는 활동적 현상을 보인다. 이러한 퀘이사는 우주의 초기 구조 및 상태뿐만 아니라 은하의 초기 형성 과정에 관한 중요한 정보를 제공하는 매우 특별하고 흥미 있는 천체이다.

:: 특이한 스펙트럼

1963년 슈미트를 비롯한 천문학자들은 별과 같이 생긴 밝은 천체 중 매우 강한 전파를 발산하는 '3C273'이라는 이름을 가진 천체의 스펙트럼을 관측했다. 그런데 매우 특이하게도 별처럼 생겼음에도 불구하고 일반적인 별의 스펙트럼에서 나타나는 수소의 스펙트럼선이 나타나지 않았다. 연구를 통해 이 천체의 스펙트럼에 수소의 스펙트럼선이 없는 것이 아니라 원래 확인되어야 할 수소선 파장의 위치가 매우 긴 파장 쪽으로 옮겨가 있는 큰 적색편이 현상이 나타난다는 사실을 알게 되었다.

파장의 적색편이량을 측정하고 허블의 법칙에 적용하면 이 천체의 거리를 구할 수 있는데, 놀랍게도 이 천체는 우리와 20억 광년 떨어져 있었다. 더불어 그렇게 멀리 떨어져 있는 천체임에도 불구하고 마치 별처럼 밝게 관측되려면 원래의 밝기가 태양 밝기의 1조 배 이상 또는 우리은하 전체 밝기의 수천 배 이상은 되어야 하는 것으로 계산되었다. 또한 이 천체의 밝기의 변화를 조사했더니, 몇 주 정도의 주기성이 발견되었다. 빛의 속력을 감안하여 추산한 결과 이 천체의 크기는 불과 태양계 정도밖에 안 된다는 사실을 알게 되었다.

이후 이와 유사한 천체들이 많이 존재하고 있음이 밝혀졌다. 수십억 광년 이상 떨어져 있는 먼 천체이면서, 엄청난 밝기를 가지고 있고, 크기는 매우 작은, 그리고 마치 별처럼 관측되면서 강한 전파 에너지를 내는 이상한 이러한 천체를 '퀘이사^{준항성 전파원}'라고 명명했다. 퀘이사를 처음 발견한 것은 1960년대 초였지만 관측 기술이 급격히 발달하면서 현재는 약 5만 개의 퀘이사에 대한 관측 결과가 공개되었다. 앞으로는 더 많이 관측될 것으로 예상된다.

6

순간의 맛 급팽창

우주는 어떻게 생겨났을까?

순간의 맛

우주 형성 직후 10^{-35}초에서 10^{-33}초 사이 찰나의 순간 우주가 10^{301}배 이상 크기로 급격히 커졌다. 이때 생긴 미세한 밀도의 차이가 중력으로 인해 점차 커지면서 우주의 거대 구조가 형성되었다.

:: 10^{-35}~10^{-33}초, 찰나의 순간 무슨 일이 생겼을까?

1979년 앨런 구스는 우주 형성의 극단적인 초기에 매우 짧은 시간 동안 우주의 크기가 급격히 팽창했다는 급팽창 이론을 제시했다. 우주 형성 직후 10^{-35}초에서 10^{-33}초 사이 찰나의 순간 우주가 10^{301}배 이상 크기로 급격히 커졌으며, 이때 생긴 미세한 밀도의 차이가 중력으로 인해 점차 커지면서 별과 은하계 등으로 이루어진 거대 우주 구조가 형성되었다는 이론이다.

이 이론은 가모브 등이 고전적 팽창 우주론에서 제시한 '빅뱅 이후 우주의 크기는 일정한 비율로 지속적으로 증가한다'는 내용을 크게 수정하는 것이었다. 당시까지 우주 배경 복사를 비롯한 많은 관측적 증거들과 이론적인 연구를 통해 최고의 우주론으로 각광 받아오던 빅뱅 우주론도 논리적 모순을 안고 있었다. 고전적 빅뱅 우주론은 우주의 지평선 문제, 우주의 편평도 문제, 자기 단극 소립자 문제라는 대표적인 세 가지 모순점을 갖고 있었는데, 급팽창 이론이 이를 거뜬히 해결했다.

앨런 구스

:: 우주의 지평선 문제

우주 형성 이후 38만 년이 지난 시점에서 빛이 물질과 분리되어 팽창하는 우주 공간을 자유롭게 돌아다니며, 이 빛은 137억 년이 지난 현재 절대온도 3도의 우주 배경 복사로 관측된다. 그리고 이 빛은 어느 방향으로 보나 균일한 등방성을 보이며 단지 10만분의 1도의 매우 미세한 비균질성을 가지고 있다. 이와 같은 사실들은 모든 방향으로 대칭적으로 팽창하고 있는 우주가 전체 공간 영역에서 같은 물리적 특성을 가지고 있다는 것을 뜻한다. 물리적 정보의 측면에서 생각하면, 관측 가능한 전 우주 공간은 서로 같은 정보를 교환하고 공유한다.

그런데 여기서 한 가지의 모순점이 생긴다. 지구에서 볼 때 우주 배경 복사가 관측되는 가시적 우주의 끝은 136억 9,962만 광년, 즉 거의 137억 년에 해당되며 이를 '우주의 지평선'이라고 한다. 그런데 지구를 중심으로 서로 반대 방향을 관측한다고 생각해 보면 각 반대 지점 간의 거리는 137억 광년의 2배, 즉 274억 광년이다. 이 거리는 우주의 나이 137억 년이 지나는 동안 빛이 도달할 수 없는 거리이다. 우주에서의 정보의 교환 도구를 빛으로 생각해 볼 때, 두 지점은 우주의 나이 동안 정보를 전혀 교환할 수 없는 거리에 떨어져 있으며, 따라서 두 지점의 물리적 특성이 같을 이유가 하나도 없다. 그럼에도 불구하고 우주의 전 영역은 어느 방향으로 보나 등방적이고 균일한 특성을 보이고 있다. 이것이 고전적 빅뱅 우주론의 첫 번째 문제, 즉 우주의 지평선 문제이다.

급팽창 이론은 우주 초기의 어떤 순간에 빛보다 더 빠른 기하급수적 속도로 우주의 팽창이 일어나 우주의 크기가 엄청나게 커졌다는 것이다. 이러한 가설은 빛보다 빠른 물체의 운동이 있을 수 없다는 상대성 이론에 모순되는 것처럼 보이지만, 상대성 이론은 공간 안에서 운동하는 물체에 적용되는 것이지 공간 자체의 팽창에는 적용되는 것이 아니다. 우주의 크기가 빛의 속도보다 더 빠르게 팽창했다면, 우주의 실제 크기는 현재 빛이 도달할 수 있는 거리보다 훨씬 더 클 수 있다.

따라서 공간의 급팽창 현상을 가정하면 현재 우리가 보는 우주의 지평선의 영역은 급팽창이 일어날 당시의 우주의 지평선 거리보다 훨씬 안쪽에 있었고 빛에 의한 정보의 교환이 가능했던 영역으로서, 그때 이미 공간은 균질한 특성을 지녔던 것이다. 또한 우주 배경 복사의 미세한 비균질성은 급팽창 이론에서 제시하는 급팽창 당시의 세밀한 작은 요동에 의해 쉽게 설명될 수 있다.

:: 우주의 편평도 문제

고전적 빅뱅 우주론이 갖고 있던 두 번째 문제는 우주의 편평도 문제이다. 이것은 상대성 이론에서 제시하는 우주의 밀도와 곡률 문제로, 현재 우주의 구조와 우주의 운명과 관련된 매우 흥미로운 주제이다. 상대성 이론에 근거한 빅뱅 우주론에 따르면 우주의 형태는 우주를 구성하는 질량을 가진 물체가 이루는 중력장의 곡률로 표현된다. 이것은 우리 주변의 공간에도 적용된다. 질량체가 있는 주변은 질량체에 의해 공간의 곡률이 중력장의 형태로 형성되며, 공간상의 최소 이동 거리는 중력장을 따라 휘어진 공간으로의 이동 거리로 결정된다.

우주 전체의 구조로 볼 때 우주 중력장의 형태는 우주를 구성하는 물질의 밀도에 따라 다르며, 그것을 결정하는 인자를 임계 밀도라고 한다. 임계 밀도를 좀 더 편리하게 적용하기 위해 밀도 계수라는 인자를 도입했는데, 오메가Ω로 표현하며 우주의 밀도를 임계 밀도로 나눈 값이다. 우주의 밀도가 임계 밀도와 같으면 오메가는 1, 우주의 밀도가 임계 밀도보다 크거나 작으면 오메가는 1보다 크거나 작다. 그리고

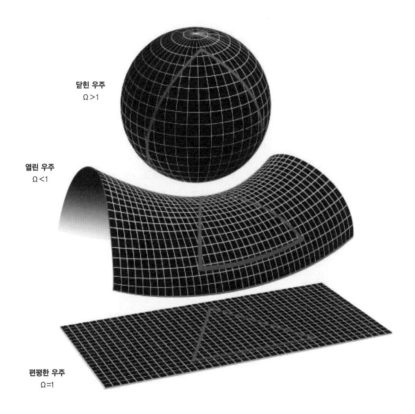

닫힌 우주
Ω>1

열린 우주
Ω<1

편평한 우주
Ω=1

오메가 값에 따른 우주의 곡률 구조

이 오메가 값에 따라 우주 중력장의 구조가, 다시 말해 우주의 곡률이 정해진다. 오메가가 1과 같으면 우주의 곡률 구조는 편평하다고 한다. 그리고 오메가가 1보다 크면 우주의 곡률 구조는 닫힌 구조, 즉 볼록한 구조를 갖게 된다. 오메가가 1보다 작으면 우주의 곡률 구조는 열린 구조, 즉 오목한 구조를 갖게 된다.

편평한 구조, 열린 구조, 닫힌 구조를 이해하는 데는 각각의 구조에서 중력장을 따라 삼각형을 그려 보면 비교적 쉽게 이해할 수 있다. 편평한 구조에서 그려지는 삼각형의 내각의 합은 180도이다. 그러나 닫힌 구조에서의 삼각형의 내각의 합은 180도보다 크며, 열린 구조에서는 180도보다 작다.

이러한 구조의 우주는 오메가가 1보다 크면 공간이 닫혀 있으며 팽창 이후 궁극적으로 재수축을 하게 되고, 오메가가 1이면 편평한 구조를 유지하며 지속적으로 팽창하고, 오메가가 1보다 작으면 열린 공간 구조를 갖는 우주는 편평한 구조에 비해 빠른 속력으로 팽창을 이어나간다.

정밀 관측 결과에 따르면 현재 우주의 밀도 계수 오메가는 0.1에서 10의 범위에 해당한다. 그런데 상대론적 빅뱅 우주론을 토대로 현재의 우주가 이러한 오메가 값을 갖는 범위 안에 들어가려면 우주의 형성 가장 초기의 오메가는 거의 1에 가까우며, 그 오차의 한도는 10^{-59} 이내의 극도로 작은 값, 즉 소수점 이하 59자리의 범위에 들어야 한다.

만약 빅뱅 직후의 오메가가 이 값보다 조금만 크면, 우주는 팽창의 초기 시점에서 이미 재수축을 하여 현재의 우주가 존재하지 않거나 현재 우주의 오메가가 무한히 큰 값을 가지게 된다. 그리고 빅뱅 직후의 오메가가 이 값보다 조금만 작으면, 우주는 열린 구조로서 보다 빠른 팽창을 지속하여 현재의 우주에 다다르지 못하거나 현재 거의 0에 가까운 오메가 값을 가지게 된다.

다시 말해 급팽창 이론은 우주 형성 직후 10^{-35}초에서 10^{-33}초 사이 우주의 크기가 엄청난 팽창을 경험하면서, 당시 우주의 밀도 계수 오메가 값이 거의 1, 즉 우주의 구조가 거의 완전한 편평한 구조를 갖게 되었다는 것이다. 급팽창에 의한 우주의 초기 구조가 이와 같이 형성되었기에 관측되는 현재의 우주가 가능했다는 뜻이기도 하다. 이렇게 급팽창 이론은 현재의 우주를 만들기 위해 우주의 초기에 적합한 밀도와 구조적 조건을 갖추었다는 사실을 설명함으로써 우주의 편평도 문제를 해결했다.

:: 자기 단극 소립자 문제

우주를 구성하는 물질의 기본 구조, 즉 입자는 네 가지 힘, 중력, 전자기력, 강력, 약력의 상호 작용으로 구성되어 있다고 여겨진다. 상대론적 우주론에 기반한 대통일 이론Grand Unification Theory(GUT)에 따르면 빅뱅 직후 이 힘들은 독립적으로 존재하는 것이 아니며, 중력을 제외한 세 가지 힘들은 본질적으로 동일하며 하나로 통합되어 모든 입자에 똑같이 작용했을 것으로 생각한다. 그리고 우주 형성 직후 10^{-34}초의 시점에서 강력이 분리되면서 최초의 입자들이 탄생하고 자기성을 가진 자기 단극 소립자가 대량으로 만들어지며, 우주의 팽창 과정에도 비교적 안정하게 존재해야 하는 것으로 예측하고 있다.

그런데 아직까지는 이러한 입자들을 발견하지 못했으며, 이것이 빅뱅 우주론의 자기 단극 소립자 문제로 여겨져 왔다. 급팽창 이론은 우주의 지평선 문제와 함께 이 문제를 거뜬히 해결했다.

초기의 급격한 공간 팽창으로 우주의 실제 공간 범위가 우주의 지평선보다 엄청나게 크게 형성됨으로써, 이러한 초기 입자들은 매우 넓은 실제 우주 공간에 퍼지게 되며 현재의 우주 공간에는 거의 관측되지 않을 정도의 밀도를 가질 수밖에 없다는 것이다.

∷ 빅뱅 우주론의 모순 해결

이와 같이 1970년대 말부터 적용된 급팽창 이론은 그동안 빅뱅 우주론이 안고 있던 이론적 관측적 모순들을 해결했다. 그리고 급팽창 이론을 통해 우리는 초기 우주의 형성과 우주 시간의 역사에 따르는 우주의 구조에 대해 보다 완전하고 정밀하게 이해할 수 있게 되었다.

최근 2014년 초에는 미국 하버드 스미소니언 천체물리 연구센터의 연구진들이 남극에 설치된 바이셉 전파망원경으로 급팽창 당시의 미세 요동에 의해 시공간이 뒤틀어지면서 생기는 중력파 현상의 흔적을 찾았다. 이처럼 급팽창 이론은 현대 빅뱅 우주론의 핵심 이론으로 자리 잡고 있다.

그러나 급팽창 이론의 적용에도 불구하고 1990년대 말까지는 우주의 기원에 관해 여전히 풀리지 않는 의문점들이 존재했다. 그 대표적인 것이 현재 관측되는 우주의 밀도와 그에 따른 곡률 구조의 문제이다. 우주 초기 급팽창 당시의 우주의 밀도 계수 오메가가 거의 1에 가깝고 편평한 구조를 가졌다면, 현재 우주의 오메가도 거의 1에 가까우며 편평한 곡률 구조를 가져야 한다는 것이다. 그러나 당시까지의 천문 관측 결과에 따르면 현재 우주에서의 물질량은 임계 밀도의 28퍼센트 정도에 불과하여 오메가 값이 1보다 매우 작으며, 따라서 우주의 구조는 편평한 상태가 아닌 열린 곡률을 가지는 것으로 확인되었다. 이것은 우주의 암흑 에너지 및 암흑 물질의 문제와 직결되는 내용이므로, 우주의 운명을 공부하면서 논의하기로 하자.

7

본연의 맛 원자

우리의 고향은 별

본연의 맛

우리의 몸을 이루는 모든 물질은 빅뱅과 별 내부의 핵융합 현상으로 만들어졌다. 수많은 별이 태어나고 죽으면서 우리는 137억 년 우주의 역사를 고스란히 품게 되었다.

: : 우리는 어디에서 왔을까?

현대 빅뱅 우주론은 팽창 이후 시간이 지남에 따르는 우주 시공간 속의 물질과 빛의 특성을 매우 명확하게 설명하고 있다.

빅뱅 이후 3분의 시간 동안 물질을 구성하는 기본 입자들의 형성과 더불어 고온의 우주 공간 전체에서 핵융합이 일어나면서 수소의 원자핵인 양성자와 헬륨의 원자핵인 알파 입자가 만들어진다.

그리고 우주의 나이가 38만 년이 되는 시점에 이르러 원자핵들이 전자들과 결합하면서 수소 원자와 헬륨 원자들을 만든다. 그리고 10억 년의 시간이 지난 후, 드디어 우주 공간에서 최초의 별들이 형성된다. 이러한 최초의 별들은 당시 우주 전체 공간에 산재하던 수소 원자와 헬륨 원자만으로 만들어진다. 그 후 약 80억 년이 지나 태양이 형성되었고, 오늘날 우리는 태양계의 행성 지구에 살고 있다. 그런데 여기서 한 가지 의문점이 생긴다. 우리 몸을 구성하는 주요 물질들을 분석해 보면 산소 65퍼센트, 탄소 18퍼센트, 수소 10퍼센트, 질소 3퍼센트, 칼슘 2퍼센트, 인 1퍼센트, 그리고 나머지 1퍼센트는 철을 포함한 그 외의 물질들이다. 그렇다면 도대체, 우주의 초기부터 존재했던 수소와 헬륨을 제외한 산소와 탄소, 그리고 철과 같은 우리 몸을 이루는 원자들은 어디에서 왔을까?

태양은 우주의 나이가 약 90억 년이 될 때 탄생했을 것으로 추정된다. 그런데 태양의 스펙트럼을 관측하여 태양을 구성하는 물질들의 성분을 천문학적으로 분석해 보면 약 74퍼센트는 수소이고 24~25퍼센트는 헬륨이며, 그 밖에 1~2퍼센트는 철을 비롯한 니켈, 산소, 규소, 황, 마그네슘, 탄소, 네온, 칼슘 등으로 구성되어 있다. 비록 태양이 갖는 중원소의 함량이 2퍼센트 이하의 아주 작은 양이지만 최초의 별들은 수소와 헬륨 외의 중원소가 전혀 없이 형성되었다는 사실과 비교해 보면, 태양에서 나타나는 중원소들은 어디에서 만들어진 것일까?

수소와 헬륨 이외의 많은 중원소들이 태양과 지구에 존재하고 있으며 우리를 비롯한 생명체의 구성원이라는 사실은 태양과 태양계 천체들을 형성한 물질들 자체에 이미 이러한 원소들이 포함되어 있었음을 의미한다. 최초의 별을 형성하던 우주 초기 약 10억 년의 시점에는 전혀 없던 중원소들이 이후 80억 년이 지나는 동안 우주의 어딘가에서 만들어졌다는 것이다. 빅뱅 우주론은 우주의 천체들과 지구, 그리고 인간을 포함한 모든 생명체를 구성하는 많은 물질이 수많은 별의 내부에서 핵융합으로 생겨났다는 흥미로운 사실을 알려 주고 있다. 이것은 '별이 왜 빛날까?'라는 근원적인 궁금증을 해결하기 위해 노력한 끝에 얻은 결과이다.

:: 태양의 빛 에너지는 무엇일까?

1900년대 초까지 태양과 별들이 내는 빛 에너지의 원천이 무엇인가에 대해 많은 논란이 제기되었다. 당시까지의 물리학적 배경을 바탕으로 제기된 가능성들은 태양의 중력 수축과 방사능 붕괴에 의한 에너지 방출 현상 등이었다. 거대한 태양이 수축하면 중력 에너지가 빛으로 전환될 수 있다. 그러나 이러한 경우 물리학적으로 계산해 보면 태양의 나이는 수천만 년을 넘을 수 없다. 화석으로 확인되는 지구의 나이는 수십억 년에 해당되므로, 이러한 중력 수축 에너지는 별빛의 에너지원이 될 수 없었다. 태양 전체가 방사능 붕괴를 하면서 빛 에너지를 낼 수 있다는 주장도 제시되었다. 그러나 1925년 페인은 태양을 구성하는 물질의 주성분이 수소라는 사실을 처음으로 발표하여, 태양이 방사능 붕괴 물질로 구성되어 있지 않다는 사실을 확인했다. 페인의 이러한 발견은 오히려, 수소의 핵융합이 태양 빛 에너지의 주요 원인일 것이라는 가능성을 열었다.

:: 별은 왜 빛날까?

1900년대 초는 양자 역학과 상대성 이론이 등장하는 등 물리학의 혁명적 발전이 이루어지던 시대이다. 더불어 원자핵물리학의 발전이 두드러졌다. 물질의 기본 원소인 원자의 구성과 핵융합 또는 핵분열의 원리, 그리고 이와 관련한 에너지 방출의 원리 등에 대한 많은 자연 법칙들이 확인되었다. 이러한 원자핵물리학의 원리들을 별의 에너지원과 처음으로 연결시킨 물리학자는 후테르만스였다. 그는 태양의 대부분이 수소와 헬륨으로 구성되어 있다는 사실로부터, 태양이 내는 에너지가 수소가 핵융합을 통해 헬륨으로 변환되고 이때 생기는 0.7퍼센트의 질량 결손이 거대한 빛 에너지의 원천이 될 수 있다고 생각했다. 실제로 핵융합 반응을 통해 1킬로그램의 수소가 0.995킬로그램의 헬륨으로 융합되면 10만 톤의 석탄을 태울 때와 같은 엄청난 에너지가 생긴다. 1929년 후테르만스는 동료인 에트킨슨과 함께 태양 내부의 높은 온도와 압력 조건에서 수소의 핵융합이 생길 수 있다는 연구 결과를 처음으로 발표했으나, 당시는 중성자가 발견되기 전으로 헬륨 원자핵이 만들어지는 정확한 핵융합 반응을 제시하지는 못했다. 별 내부의 수소 핵융합 반응에 대한 연구를 완성시킨 과학자는 베테였으며, 그는

한스 베테

수소가 안정된 헬륨으로 변환되는 두 가지의 과정을 찾아내었다.

하나는 수소 원자와 중수소가 반응하여 헬륨 동위원소를 만들고, 두 개의 헬륨 동위원소가 결합하여 하나의 안정된 헬륨 원자핵과 두 개의 수소 원자를 만드는 과정이다. 또 다른 과정은 수소 원자핵을 잡아들이는 탄소 원자핵의 반응이다. 태양이 소량의 탄소를 가지고 있다면, 수소 원자핵과 결합하는 불안정한 탄소 원자핵은 헬륨 원자핵을 내보내고 다시 안정된 탄소 원자핵으로 돌아간다. 그리고 탄소 원자는 이러한 과정을 반복하면서, 지속적으로 헬륨 원자핵을 만들어 낸다. 결국 탄소를 매개로 수소가 헬륨으로 변환되면서 에너지를 내는 원리이다. 1939년 베테가 제시한 이러한 별 내부에서 일어날 수 있는 핵반응의 원리는 1940년대 천체물리학자들의 추가 연구에 의해 확실하게 받아들여졌다. 핵융합 반응을 통해 태양은 매초 5억 8,400만 톤의 수소를 5억 8,000만 톤의 헬륨으로 변환하며, 이로부터 생겨나는 에너지를 환산하면 태양은 수십억 년 이상의 빛 에너지를 계속 만들어 낼 수 있다. 별과 태양이 왜 빛나는가에 대한 의문을 핵융합의 원리로부터 처음으로 밝혀낸 베테는 1967년에 노벨 물리학상을 받았다.

:: 원소가 만들어지기까지

베테가 수소 핵융합의 원리를 성공적으로 밝혀냈지만 별에서 헬륨 외의 다른 중원소들이 어떻게 만들어지는가에 대한 답은 구할 수 없었다. 빅뱅 우주론을 주장하던 가모브와 그의 동료들은 최선을 다해 빅뱅 직후 고온 고압의 우주 공간에서 중원소들이 합성될 수 있는 가능성에 대해 연구를 지속했지만 해답을 찾지 못했다. 별의 내부 구조에 대해 최고의 천체물리학자였던 에딩턴은 별들의 내부가 중원소를 합성하는 용광로가 될 수 있음을 제시했으나 수백만 도의 온도를 가진 별의 내부에서 헬륨 이상의 중원소들을 만들기에는 온도가 너무 낮았다. 핵융합에 의해 헬륨을 더 무거운 중원소로 만들기 위해서는 수십억 도의 온도가 주어져야 했던 것이다.

이 문제를 해결한 사람은 아이러니하게도 정상 상태 우주론을 주장하던 호일이었다. 그는 별이 어떻게 만들어지고 어떻게 일생을 보내는가, 그리고 별은 일생의 여러 단계를 거치는 동안 어떠한 일들이 일어나는가에 대해 주목했다.

별들은 고온 고압 상태의 중심부에서 수소 핵융합이 일어나고 이로부터 생기는 에너지를 밖으로 내보낸다. 별들은 자체 질량에 의한 중력에 의해 중심부로 당겨질 수밖에 없는데, 밖으로 나오는 에너지 압력에 의해 중심부로 향하는 힘은 상쇄되고 평형을 유지한다. 별 중심부에서 수소가 고갈되면 외곽부에서 수소 핵융합이 시작되면서 평형 상태를 이루던 별의 균형이 깨어지기 시작하고 별은 부풀어 오른다. 결국 별은 수소 핵융합을 일으키게 할 수 있는 수소 연료가 다 떨어지고 말 것이다.

호일은 별 일생의 마지막 단계인 이 과정에서 무슨 일이 일어날 것인가에 대해 연구하면서, 중원소들이 합성되는 새로운 원자 핵융합의 원리를 알아내려고 노력했다. 수소가 떨어지고 더 이상 수소 핵융합에 의한 에너지 생산이 끝나면 별은 식어 간다. 그러면 별 내부에서 바깥으로 향한 압력이 줄어들고 중심으로 향하는 중력이 더 커지게 되어 별은 수축한다. 별이 안쪽으로 수축하게 되면 압축에 의해 새로운 원자 핵융합 반응이 일어나고 이때 더 많은 열이 발생하여 바깥쪽으로 향하는 에너지를 내어 수축을 정지시킨다. 별은 일시적으로 평형 상태를 이루지만, 곧 새로운 핵융합을 일으키던 원료를 소진하고, 내부는 다시 냉각되어 또 다른 수축이 일어난다. 다시 별의 중심부는 가열되고 또 다른 핵융합 반응이 일어나며, 이에 대한 연료가 부족하게 될 때까지 수축이 정지된다. 호일은 이러한 별 일생의 마지막 단계에서 일어나는 수축과 평형 상태의 반복에 따르는 별 내부의 온도와 압력 변화를 계산했다.

그리고 이러한 각 과정에서 일어나는 새로운 핵융합 반응을 성공적으로 설명하면서 탄소, 네온, 산소, 마그네슘, 실리콘, 그리고 철과 같은 원소들이 합성되는 과정을 이해했다. 태양보다 25배 무거운 별의 경우 각 원소들의 핵융합 지속 시간을 살펴보면 수소가 헬륨으로 변하는 데 약 1,000만 년, 헬륨이 탄소로 변하는 데 약 100만 년, 탄소가 네온과 마그네슘으로 변하는 데 약 600년, 네온이 산소와 마그네슘으로 변하는 데 약 1년, 산소가 황과 실리콘으로 변하는 데 약 6개월, 실리콘이 철로 변하는데 약 1일 걸린다. 그리고 최종적으로 별 중심핵의 붕괴시간은 약 0.25초, 중심핵의 최종 수축에 의한 반발 시간은 약 1,000분의 1초 걸리며 결국 별은 폭발한다.

∷ 헬륨이 어떻게 탄소가 될 수 있을까?

이러한 연구 과정에서 호일이 겪었던 가장 어려운 문제는 헬륨이 탄소로 변환되는 과정을 이해하는 것이었다. 그는 우주에 탄소가 존재하고 또한 자신이 탄소를 기본으로 하는 생명체라는 사실을 인식하고, 탄소 원자핵의 존재 방법이 있어야만 현재의 자신이 존재할 수 있다는 인본 원리를 적용하여 이 문제를 해결해 보려고 했다. 그 결과 호일은 두 개의 헬륨 원자핵의 합성에 의해 만들어진 베릴륨 원자핵이 또 하나의 헬륨 원자핵과 결합하여 탄소 원자핵을 만드는 과정을 핵물리학적으로 이해했다. 그리고 그의 동료였던 파울러는 이를 실험적으로 증명했다. 이렇게 탄소의 합성 과정을 밝혀냄으로써 우주의 중원소 합성을 위한 핵융합 과정의 시작점을 알게 되었다. 당시 호일은 이 결과를 정상 상태 우주론에 적용하려고 했지만 오히려 빅뱅 우주론에서의 중원소 합성에 대한 이론적 근거를 마련해 주게 되었다.

: : '철'보다 무거운 원소

별은 내부 핵융합으로 '철'까지 만들 수 있다. 철은 기본 원소의 주기율표에서 원자번호 26번으로서 핵물리학적으로 결합 에너지가 매우 안정된 원소이므로, 온도가 아무리 높아도 다른 원소와 핵융합 반응을 하지 않는다. 그래서 별의 일생을 통해 철보다 더 무거운 원소를 만들어지기 위해서는 또 다른 과정이 필요하다.

철보다 무거운 중원소를 만드는 과정을 중성자 포획 핵합성이라고 하는데, 중성자는 전기적으로 중성이라 다른 원자핵과 쉽게 융합하면서 철보다 무거운 안정한 원소를 만들 수 있다.

이러한 과정이 생기기 위해서는 많은 중성자들이 발생하는 특별한 순간이 필요하다. 무거운 별의 최후의 순간, 즉 초신성 폭발의 순간은 이러한 가장 극한의 환경을 만들어 낸다. 핵융합으로 빛 에너지를 생산해 오던 별은 자신의 일생을 마치면서 초신성으로 폭발한다. 이때 내부에서 만들어진 중원소들은 물론, 폭발과 함께 생기는 중성자들의 포획 과정을 통해 더 무거운 중원소들을 우주 공간에 쏟아 내게 된다.

: : 별도 태어나고 죽는다

핵물리학의 발전과 더불어 관측 천문학의 비약적 발전으로 우리는

별이 사라지고 남은 초신성(SNR 0519) 잔해

별의 탄생과 죽음에 대해 한층 잘 이해하게 되었다. 별들은 우주 공간의 가스와 먼지로 이루어진 물질들의 집합체인 성운에서 형성된다. 성운 내에서 물질들이 중력 수축을 통해 별을 만들기 위해서는 최소한의 질량이 필요한데, 이를 임계 질량이라고 한다. 임계 질량은 성운이 차가울수록 밀도가 높을수록 작은 값을 갖는다. 임계 질량을 초과하는 성운이 중력 수축을 시작하면 밀도가 더욱 높아지고 수축에 의해 생기는 열의 유출을 차단한다. 중심부의 온도가 충분히 뜨거워지면 어느 순간 수축을 멈추고 내부의 뜨거운 기체가 표면으로 떠오르는 대류 현상과 함께 갑자기 밝아지게 되는데, 이것을 원시별이라고 한다.

모든 원시별이 별이 되는 것은 아니다. 원시별 중에서도 질량이 태양의 7퍼센트 이상 되는 것들만 중심부의 온도가 1,000만 도 이상에 도달하여 핵융합 반응이 생겨나고 비로소 별이 된다. 질량이 이보다 작은 원시별들은 중심부에서 핵융합 반응이 일어나지 못하여 어느 정도 뜨거워졌다가 이내 식어 버리고 마는 실패한 별의 잔재로 남게 되는데, 이를 갈색왜성이라고 한다. 원시별들 중에서 태양보다 100배 이상의 질량을 갖는 것들 역시 별로서 살아남지 못한다. 이러한 것들은 거대한 자체 중력에 의해 급격하게 붕괴하면서 폭발하고 만다. 태양 질량의 7퍼센트 이상부터 100배에 이르는 원시별들은 결국 중심부의 수소 핵융합 반응이 일어나고 이로부터 외부로 전달되는 에너지가 자체 질량에 의한 중력과 평형을 이루는 상태가 되면서 진정한 별로서

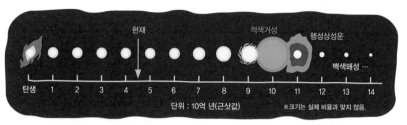

태양의 일생. 모든 별은 각자의 일생이 있다.

탄생한다. 이러한 상태를 '왜성' 또는 '주계열별'이라고 부른다.

주계열별은 자신들의 질량과 밝기에 따라 내부에서의 수소 핵융합 과정이 일어나는 시간, 즉 수명이 결정된다. 태양 정도의 질량을 가지면 약 100억 년의 수명을 가지며, 태양보다 30배의 질량을 가지면 수명은 200만 년에 불과하다.

:: 별의 외곽부에서의 변화

내부의 수소 핵융합이 끝나면 별의 외곽부에서의 수소 핵융합이 일어난다. 이 과정 동안 헬륨으로 이루어진 중심핵이 점점 커지고 자체 중력에 의해 수축하면서 중심부의 온도가 증가하고 외곽부 수소 핵융합은 더욱 빠르게 일어나게 된다. 이때 별의 외곽부는 빠르게 팽창하여 부풀어 오르면서 별의 표면 온도는 낮아지고 밝기는 더욱 밝아진다. 이 상태를 적색거성이라고 한다.

헬륨 핵의 크기가 커지고 온도가 약 1억 도에 이르면 별의 중심부에서는 헬륨 핵융합에 의한 탄소의 형성이 시작된다. 결국 중심부의 헬륨도 소진되어 별 내부에서의 핵융합에 의한 에너지가 더 이상 나오지 않게 되면서, 별의 중심부와 외곽부는 불안정한 이중 구조를 형성하게 된다. 그리고 중심부는 수축 과정을 통해 매우 밀도가 높은 백색왜성을 만들고 외곽부는 바깥쪽으로 물질을 팽창 현상을 보이며 행성상성

행성상성운 중 하나인 고리성운(M57)

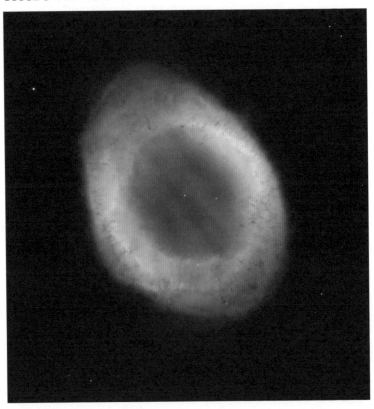

운의 모습으로 나타난다. 백색왜성은 지구 정도의 크기를 가지며 질량은 태양의 1.44배를 넘지 않는다. 행성상성운의 빛을 스펙트럼으로 분석해 보면 실제로 많은 양의 탄소와 질소가 확인된다.

:: 태양보다 무거운 별의 일생

만약 태양보다 무거운 별이라면 어떻게 될까?

별의 질량이 태양보다 10배 이상 크다면 중심부의 온도가 10억 도 이상 올라가 탄소 핵융합이 일어나고 이후 단계적인 핵융합이 일어나면서 별 내부는 탄소, 산소, 네온, 마그네슘, 황, 규소 등의 중원소 층이 생긴다. 그리고 결국 철이 생기면서 핵융합이 끝난다. 이러한 모든 단계는 1,000만 년 이내의 매우 짧은 시간 동안 이루어지며, 내부의 핵융합이 끝난 별은 결국 초신성 폭발 현상과 함께 핵융합으로 만들어낸 자신의 물질들을 우주 공간으로 내보낸다. 초속 1~2만 킬로미터의 맹렬한 속력으로 흩어지는 물질들은 중성자 포획 과정을 통해 새로운 중원소를 만든다. 중심부의 물질들은 초신성 폭발에 의한 엄청난 압력에 의해 고밀도의 천체로 남게 된다.

태양보다 질량이 10~30배 큰 별이 초신성 폭발 현상을 경험하는 경우 태양보다 질량이 1.44~3배 정도 큰 고밀도의 중성자별이 만들어진다. 중성자별은 반지름이 10킬로미터 정도이며 밀도는 세제곱센티미터당 1,000만 톤에 이르는 엄청난 고밀도 천체이다. 이 별은 고속 회전하면서 주기적인 빛을 방출하는데, 이것이 펄서이다.

태양보다 30배 이상의 별이 초신성 폭발을 일으키는 경우 별의 중심부는 극단적인 밀도를 갖는 천체가 만들어지는데, 이것이 바로 블랙홀이다. 블랙홀은 중력이 무한히 커져서 주위의 모든 물질뿐만 아니라 빛조차 흡수해 버린다. 만약 지구를 블랙홀로 만든다면 반지름을 0.9센티미터 이하로 압축하면 되고, 태양을 블랙홀로 만든다면 반지름을 2.5킬로미터 이하로 압축하면 된다.

:: 우주의 137억 년을 고스란히 품고

결국 빅뱅 직후 우주 공간에서 일어난 핵융합 현상에 의해 생긴 수소와 헬륨을 제외한 모든 원소는 뜨거운 별들의 내부에서만 만들어질 수 있는 것들이다. 우주의 형성 이후 10억 년이 지난 시점에서 만들어진 최초의 1세대 무거운 별들은 핵융합을 통해 중원소들을 만들고 초신성 폭발과 함께 새로운 중원소들이 공간으로 흩어지고, 이들이 모여 성운을 이루어 이후 제2세대의 별들이 형성된다.

2세대의 무거운 별들 역시 핵융합 과정을 거치면서 무거운 원소들을 만들고 또 초신성 폭발 현상을 통해 우주 공간에 더 많은 중원소들을 내놓는다. 이러한 과정을 통해 우주의 시간이 지남에 따라 별이 만들어지는 성운들의 중원소 함량은 점차 증가하게 되고, 우주가 형성된 후 약 90억 년이 지난 시점에 태양과 지구가 형성되었다. 오늘날 지구상에 존재하는 모든 물질, 그리고 우리 자신의 몸을 이루는 모든 물질은 이와 같이 우주의 빅뱅에 의한 팽창과, 별 내부의 뜨거운 핵융합 현상에 의해 만들어진 것이다.

수많은 별이 태어나고 죽은 후에 인간이 생겼다. 우리는 우주의 137억 년 시간의 역사를 고스란히 품고 있는 귀중한 존재이다.

8

화려한 맛 별의 무리

다채로운 은하

화려한 맛

우주 초기에 형성된 은하들은 우주 구조의 기본 세포 역할을 하며, 우주의 장구한 역사에 대한 모든 정보를 갖고 있다. 뿐만 아니라 별들이 태어나고 자라고 죽어가는 별들의 생태계가 살아있는 곳이다.

:: 별은 얼마나 멀리 있을까?

맨눈으로 볼 수 있는 별은 얼마나 될까? 인공 불빛의 방해를 받지 않고 날씨가 맑다면 지구의 남북반구를 통틀어 1만 개 정도 된다. 밤하늘을 아름답게 수놓는 별이 아무렇게나 흩어져 있는 것은 아니다. 우주는 수천억 개의 별이 모여 있는 은하들로 구성되어 있으며, 수천억 개 이상의 은하가 우주 공간에 흩어져 있다. 태양과 태양계는 수많은 은하 중 하나인 '우리은하'의 중심부로부터 약 3만 광년 떨어져 있는 곳에 위치하고 있다. 따라서 맨눈으로 보이는 밤하늘의 별들은 바로 태양과 아주 가까이 있는 우리은하 안에 있는 별들이다.

은하에 대해 잘 알지 못했던 1755년, 독일의 철학자 칸트는 우주에는 무수히 많은 별들로 이루어진 독립된 천체들이 섬처럼 흩어져 있고, 우리는 그중 하나에 있을 것이라는 직관적고 이성적인 섬 우주설을 주창했다. 그리고 우주의 구성원들은 서로 연관되어 있는 계로 조직화되어 있을 것으로 이해했다.

1920년대에 들어 허블의 관측으로 안드로메다성운이 그 거리가 300만 광년에 이른다는 것과 수천억 개의 별로 이루어진 우리은하와 다른 은하라는 것, 그 외의 다른 나선성운들도 독립된 외부은하라는 사실이 알려졌다. 이로부터 우리가 이해하고 관측할 수 있는 우주의 크기는 수천만 광년을 넘어서는 범위로 확장되었다. 그리고 은하들의 거리와 속도의 관측을 통해 모든 외부은하들은 서로 멀어진다는 사실을 확인하고 우주의 팽창을 주장하여 현대 빅뱅 우주론의 시작을 알렸다.

:: 우주 구조의 기본, 은하

빅뱅 우주론에 따르면 우주가 갖는 전체 에너지 중에서, 은하들이 내포하는 별과 물질이 내는 빛으로 확인되는 에너지는 4퍼센트에 불과하다. 우주 전체 에너지의 24퍼센트는 암흑 물질에 기인하며, 나머지 72퍼센트는 우주의 팽창에 관여하는 암흑 에너지로 알려져 있다.

은하들의 빛에 기인한 에너지가 우주 전체 에너지에 미치는 영향이 이와 같이 매우 작음에도 불구하고, 외부은하들을 관측하고 연구하는

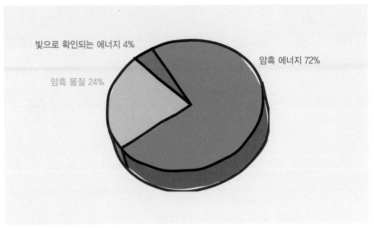

빛으로 확인되는 에너지 4%

암흑 물질 24%

암흑 에너지 72%

우주의 에너지 비율

것은 우주의 기원을 이해하는 데 있어 매우 중요한 의미를 갖는다. 우
주 초기에 형성된 은하들은 우주 구조의 기본 세포 역할을 하며, 우주
의 장구한 역사에 대한 모든 정보를 갖고 있을 뿐만 아니라 별들이 태
어나고 자라고 죽어가는 별들의 생태계가 살아있는 곳이기 때문이다.

:: 은하의 분류

1936년 허블은 월슨산 천문대의 100인치 망원경으로 관측한 외부
은하들의 특성에 대한 자신의 연구 내용을 모두 담아 『성운의 왕국The
Realm of the Nabulae』이라는 책에 수록했다. 여기에는 외부은하들의 거리,
운동 속도, 공간 분포 특성뿐만 아니라, 관측되는 모양을 종합적으로

조사하여 유사한 특징을 갖는 무리로 분류했다. 허블의 외부은하에 대한 형태학적인 분류는 지금까지도 천문학 연구의 기본 자료로 활용되고 있다. 외부은하 분류의 첫 단계로 규칙은하와 불규칙은하를 나누었다. 규칙은하는 중심핵과 회전 대칭의 특징을 갖고 있으며, 불규칙은하는 이와 같은 특성을 나타내지 않는 것들이다. 규칙은하는 두 종류로 나누어 타원은하와 나선은하로 분류했다.

:: 타원은하

타원은하는 타원을 뜻하는 'elliptical'의 첫 글자를 따 기호 E로 표시하고 구형에서 납작한 렌즈형까지 다양하다. 렌즈형은 긴 지름과 짧은 지름의 길이 비가 1에서 3 정도까지이다. 이 한계보다 더 납작한 규칙은하는 나선은하에 해당한다. 타원은하는 하늘 면에 투영되어 보이기 때문에 타원형으로 보이지만, 실질적인 3차원 구조는 구체 또는 타원체이다. 타원체는 축의 형태에 따라 편원형, 장구형, 그리고 3축 타원체형으로 나눈다.

타원은하의 별빛의 분포는 전체적으로 집중되어 있으며 세밀한 세부 구조가 나타나지 않는다. 허블의 관측 이후 많은 천문 관측과 연구에 따르면 타원은하를 이루는 별들은 은하 내에서 각각 다른 방향의 궤도를 그리며 무작위 운동을 하고 있는 것으로 확인되었다. 그리고 이러한 타원은하들은 일반적으로 가스와 먼지가 거의 없어 새로 만들어지는 별들이 거의 없으며, 은하의 형성 초기에 만들어진 나이가 많은 오래된 별들로만 구성되어 있고, 은하 자체는 혼자 있기보다는 다른 은하들이 밀집되어 있는 은하단에 주로 분포하는 특징이 있다.

:: 나선은하

나선은하는 가운데 부분에 팽대부를 가지고 있으며, 바깥쪽은 팽대부를 에워싸고 나선팔 모양의 별들의 분포를 가진 편평한 원반부를 나타낸다. 중심 팽대부에서 양쪽 끝으로 나선팔을 잇는 막대의 유무에 따라 기호 S로 표시하는 정상나선은하와 기호 SB로 표시하는 막대나선은하로 분류된다. 나선은하의 나선팔 구조가 보다 열린 형태를 보이면서 발달함에 따라, 중심부는 상대적으로 더 작아지며 전체 은하에서 내는 빛에 대한 기여도가 작아진다. 나선은하들은 타원은하와 달리 젊고 밝은 별들이 많이 포함하고 있으며, 특히 많은 양의 가스와 먼지를 가지고 있는데, 이들은 주로 나선팔 지역에 존재한다. 은하의 중심부는 거리에 비례하여 회전 속력이 증가하는 강체 회전 운동을 하고 있으며, 바깥 영역은 거리가 증가하더라도 회전 속력이 거의 변하지 않는 차등 회전을 나타내는 것이 일반적인 특징이다.

:: 렌즈형은하

한편 타원은하와 나선은하의 중간 형태로 렌즈형은하가 존재한다.

⬆ 거대타원은하(ESO 325-G004)
⬇ 나선은하 중 하나인 바람개비은하(M101)

렌즈형 은하(NGC2787)

즉 렌즈형은하는 타원형의 중심부와 주변의 얇은 원반 형태를 보이면서, 마치 볼록렌즈와 유사한 모양을 드러낸다. 원반부의 나선팔의 구조가 나타나지 않으며, 대부분 나이가 많은 별들로 구성되어 있고, 가스와 먼지가 거의 없는 것으로 관측되어, 그 특성은 타원은하에 더 가깝다.

:: 불규칙은하

불규칙은하는 타원 또는 나선팔의 형태를 가지고 있지 않으며 특별한 규칙적인 구조 특성을 나타내지 않는다. 눈에 띄는 중심부의 정형적인 구조도 없다. 불규칙은하는 젊고 밝은 별들이 많이 포함되어 있으며, 가스와 먼지도 많이 존재하여, 그 구성 성분으로 볼 때는 나선은하의 특성과 유사하다. 전체 구조가 회전하는 특성을 보이는 불규칙은하도 있으나, 회전 특성을 확인할 수 없는 경우도 많이 나타난다.

:: 허블의 은하 분류

허블은 이러한 은하들의 형태학적인 특성을 하나의 도표로 표현했고, 이것을 소리굽쇠도라고 한다. 타원은하는 소리굽쇠도의 손잡이 부분에, 그리고 나선은하는 정상나선은하와 막대나선은하로 구분되어 양쪽으로 갈라진 두 개의 가지에 위치한다. 그리고 렌즈형은하는 타원은하와 나선은하의 연결고리 역할을 한다.

태양이 속해 있는 우리은하의 구조는 막대나선은하의 특성을 나타낸다. 태양이 우리은하 내에 포함되어 있기 때문에 우리는 우리은하의 구조를 은하 밖에서 볼 수 없다. 다만 밤하늘의 별들의 분포를 확인하여 우리은하의 구조를 알아낼 수 있다. 여름밤 하늘을 아름답게 수놓고 있는 은하수는 우리은하의 편평한 원반부, 즉 나선팔에 존재하는 별들의 분포에 의해 드러나는 것이다. 태양이 은하 중심으로부터 약 3

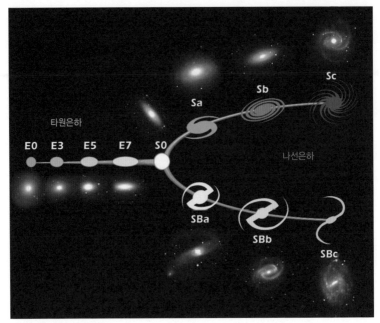

타원은하

E0　E3　E5　E7　S0

Sa　Sb　Sc

나선은하

SBa　SBb　SBc

허블의 은하 분류 소리굽쇠도

만 년 떨어진 나선팔의 가운데에 위치하기 때문에, 태양 근처에 있는 별들은 거대한 띠의 형태로 분포하는 것으로 나타나며, 은하수의 우리 은하 중심 방향으로 별들의 밀도가 가장 높게 나타난다.

:: 은하의 무리

전체 우주 공간의 수많은 은하들은 독립적으로 존재하는 것이 아니라 무리를 지어 분포한다. 수백만 광년의 지름을 가진 영역에 수십 개

허블 딥 필드. 100억 년 전 우주는 수많은 젊은 은하로 가득 차 있다.

의 은하가 모여 있는 것을 은하군이라고 부른다. 그리고 수백 개에서

수천 개의 은하가 수천만 광년의 범위 내에 모여 있는 것을 은하단이

라고 한다. 은하군과 은하단들은 더욱 거대한 구조, 즉 초은하단을 형

성한다. 초은하단은 그 지름이 거의 1억 광년에 달한다. 이러한 초은하단은 전 우주 공간에서 더욱 큰 거대한 구조를 나타내며, 장성^{거대한 벽}, 필라멘트, 보이드 등의 우주 거대 구조를 이룬다.

1995년 미국항공우주국^{NASA}은 허블 우주망원경으로 약 100억 광년 떨어진 거리의 한 지역을 정밀 관측했다. 이 지역은 빅뱅 이후 약 30~40억 광년의 시점, 즉 은하가 막 형성되던 시점에 해당되는 곳이었다. 허블 우주망원경에 실린 정밀 카메라로 약 10일간 장기 노출하여 얻은 이 영상을 '허블 딥 필드'라고 한다. 허블 딥 필드는 인간이 가시광선으로 본 가장 먼 우주, 즉 우주의 가장 초기 모습을 보여 주었다. 허블 딥 필드 영상에 나타난 100억 년 전 우주 공간은 수많은 초기의 젊은 은하들로 가득 차 있었다.

은하 형성 원리에 대해 아직까지 의견이 분분하다. 은하들은 거대한 가스 구름의 중력적 수축과 붕괴를 통해 만들어졌다는 가설과, 작은 은하들이 우주의 초기에 먼저 형성되고 이들의 병합을 통해 큰 은하들이 만들어졌다는 가설이 있다. 1900년대 말까지는 거대 가스 구름의 중력 수축에 의한 은하 형성 가설이 주축을 이뤘으나, 최근 많은 관측적 이론적 연구 결과가 나오면서 작은 은하들의 병합에 의한 은하의 형성 이론이 더욱 합리적인 것으로 받아들여지고 있다.

9

미지의 맛 생명

외계 생명체가 있을까?

:: 태양계의 탄생

우주에는 생명체가 존재한다. 광활한 우주의 한 공간인 지구상의 한 지점, 바로 이곳에 우리가 있다는 것은 우주에 생명체가 존재한다는 가장 직접적이고 확실한 증거이다.

빅뱅 우주론에 따르면 우주는 137억 년 전 빅뱅으로 탄생하였고 지금까지 팽창을 지속해 오고 있다. 급팽창과 더불어 고온 고압의 우주 초기에 물질의 기본 입자들이 만들어지고, 이들의 융합으로 만들어진 수소와 헬륨이 초기 우주 공간을 이루는 물질이 된다. 팽창을 지속함에 따라 약 10억 년의 시간이 지나면서 최초의 별과 은하들이 형성된다. 이때부터 1세대, 2세대 별들이 탄생과 사멸 과정을 거치면서 우주 공간 속에는 탄소와 산소, 철과 같은 중원소들이 점점 늘어난다.

우주가 형성된 후 90억 년, 지금으로부터 약 50억 년 전, 중원소들이 첨가된 가스 구름 속에서 태양이 형성되고 곧이어 태양계 천체들이 형성된다. 지구가 만들어진 이후 언젠가 지구상에서 생명체가 출현했고, 인간이 출현했으며, 지금 우리는 현재의 인간으로 존재하고 있다. 지구상에는 인간 외에도 약 120만 종의 동물과 약 50만 종의 식물이 있으며, 아직까지 알려지지 않은 생물들도 상당수 있을 것으로 생각된다.

: : 지구에만 생명체가 있을까?

우주에는 수천억 개의 은하가 있다. 이 은하들 안에서 수천억 개의 별이 태어나고 죽어간다. 우리 태양이 속한 우리은하 안에도 수천억 개의 별이 있다. 이 별들은 태양과 마찬가지로 우리은하 안에서 우주의 형성과 팽창의 역사를 함께 경험했다. 우리은하 안의 수천억 개의 별 중에 태양과 질량이 비슷하고 특성이 유사한 별은 수없이 많을 것이다. 그리고 이들 중에서 지구와 같은 행성을 가지고 있는 별이 많이 있을 것이며, 지구와 같은 우주의 역사를 경험했을 이 행성들에는 우리와 같은 생명체가 존재하지 않을 이유가 없어 보인다. 그러나 아직까지는 지구 이외 우주의 어느 곳에서도 생명체가 있다는 직접적인 증거를 찾을 수 없다.

광활한 우주 공간 속에 지구에 있는 우리만이 유일한 생명체일까? 만일 우리만이 유일한 생명체라면, 137억 년 우주 시공간의 역사 속에서 우리만이 미리 준비된 유일한 생명 존재일까? 아니면 공간의 낭비일까?

:: 생명의 미스터리

약 45억 년의 역사를 지닌 지구상에 언제 어떠한 경로로 생명이 나타났는가에 대한 것은 아직까지 그 대답을 알 수 없는 최고의 난제이다. 생물학적으로는 물질 진화론에 근거하여, 무기물에서 유기물이 합성되고, 축적된 유기물이 물질대사나 자기 복제의 능력을 가진 세포 구조를 갖추게 되어, 생명체가 탄생했을 것으로 생각한다. 그리고 초기의 단순한 생명체는 복잡한 형태로의 진화를 통해 지금의 지구 생명체들을 만들게 되었을 것이라고 주장한다. 그러나 유기물에서 생명체가 만들어진다는 실험적 근거는 아직 없으며, 지구 생명체의 근원적 기원은 여전히 오리무중이다.

:: 외계 생명 유입설

천문학적으로 지구 생명체의 기원에 대한 근거를 제시하는 가설 중의 하나가 생명의 우주기원론, 즉 범종설이다. 범종설은 지구 생명체의 기원과 관련하여, 우주의 다른 곳에 이미 존재하던 생명체가 혜성이나 소행성 등에 실려 태양계를 여행하다가 지구에 들어왔다는 외계 생명체 유입설이다. 이러한 생각은 고대 그리스 철학자 아낙사고라스가 처음으로 제기한 것으로, 19세기 말~20세기 초 유럽의 과학자들이 지구 생명의 기원에 대한 과학적 가설로 주장했다. 태양계 행성 사이를 이동하는 혜성과 소행성이 마치 포자와 같은 역할을 하며 지구에 생명체를 전했고, 따라서 지구의 생명체는 무에서 우연히 만들어진 것이 아니라 유에서 탄생하여 진화했다는 것이다. 그러나 이러한 범종설 역시 다른 천체에서는 어떻게 생명체가 탄생할 수 있었는가에 대한 생명 기원의 문제를 포함하고 있는 한계가 있다.

:: 생명의 근원

지구상에 존재하는 모든 생물들의 종류는 매우 다양하지만, 본질적인 모습은 매우 유사하다. 모든 생물은 세포로 이루어져 있으며, 동물이나 식물이나 세포의 형태는 매우 유사하다. 세포는 단백질과 핵산이라는 두 가지의 기본 물질로 이루어져 있다. 단백질은 20종의 아미노산이 수백~수천 개 연결되어 이루어진 것이다. 동물과 식물 세포의 단백질은 놀랍게도 몇백 종류나 되는 아미노산들 중에 이러한 단 20종의 아미노산들만으로 이루어져 있다. 핵산은 뉴클레오이드Nucleoid, 핵양체라는 화합물이 이어져 있는 것으로 세포 전체의 1퍼센트 정도를 차지하고 있다. 핵산의 하나로서 유전 정보의 저장 및 전달 역할을 하는 DNA

데옥시리보핵산는 뉴클레오이드가 이중 나선구조로 길게 이어져 있는 것인데, DNA의 뉴클레오이드 염기 배열 규칙은 동식물뿐만 아니라 하등생물이나 고등 생물에서도 모두 같은 특성을 가지고 있다. 그리고 모든 생명체를 이루는 물질들은 탄소 화합물을 기반으로 한다. 탄소 화합물은 탄소가 수소, 산소, 질소, 황 등과 공유 결합하여 이루어진 화합물로서 단백질, 핵산, 포도당 등 생명체를 이루는 기본 요소가 된다. 이와 같이 지구 생명체의 기본 특성이 매우 유사하다는 사실은 동물과 식물, 고등생물과 하등생물을 막론하고 어쩌면 모든 생명체의 조상이 같을 수 있다는 생각을 하게 한다.

:: 지구에서 생명이 시작된 때

지구는 약 45억 년 전에 생겨난 것으로 추정되지만, 현재 지구 표면의 암석들 중에서 연대 측정을 통해 가장 오래되었다고 알려진 것은 약 38억 년 전의 암석이다.

가장 오래된 지구 생명체의 흔적으로 남아 있는 화석은 약 35억 년 전 미생물의 흔적을 가지고 있으며, 2013년 호주 대륙에서 발견되었다. 1980년대 호주 서부 에이펙스 처트 층에서 발견된 화석 역시 대략 35억 년 전의 박테리아 화석인 것으로 알려져 왔으나, 최근 이 화석이 생물체에서 만들어진 것이 아닌 단순한 무기물일 수도 있다는 논란이 있다.

35억 년 전 생명체의 흔적

　1954년에는 북미 대륙 오대호 연안의 암석에서 약 19억 년 전 박테리아나 남조류와 같은 원핵생물의 흔적으로 추정되는 다양한 모양의 화석이 발견되기도 했다. 단세포의 모양을 갖는 진핵 세포 화석은 약 7억 년 전의 화석에서 발견되고 있다.

　범종설을 바탕으로 이러한 화석 연구의 결과들을 종합해 보면 지구는 약 45억 년 전에 형성되었으며, 지구 밖으로부터 날아드는 다양한 천체들과의 빈번한 충돌을 통해 생명체가 유입되었고, 약 35억 년을 전후하여 지구에서 생명이 존재할 조건이 갖추어지자 원시적인 미생물이 생겨나고, 7억 년 전까지 세포핵을 가진 생물이 출현한 것으로 추정된다. 그 뒤 단순한 생물이 복잡한 형태로 진화하며 각종 식물과 동물이 번성하게 된 것으로 보인다. 그러나 우리가 지구 생명의 기원을 완전히 이해하기에는 아직까지 이런 과학적 연구 결과들이 충분하지 않다.

:: 외계 생명체가 존재할까?

지구 생명의 기원을 알고 싶어 하고 지구 바깥 외계에 과연 생명체가 존재하고 있는지 궁금해하는 것은 인간의 가장 근본적인 본능이다. 외계 생명체가 존재한다면 어떤 형태이며 어떤 모습을 갖추고 있을까? 지구 생물과 같은 형태일까? 하등 생물도 존재하고 우리와 같이 지적 문명을 갖춘 고등 생물도 존재하고 있을까? 지구 밖 우주 생명체 존재에 대한 연구는 생명체 구성의 기본이 되는 유기물 탐사, 외계 미생물 탐사에서 시작해 고등 생명체 탐사, 외계 지성체 탐사에 이르기까지 그 범위는 매우 넓다.

한편 빛이 필요 없는 생명, 산소가 필요 없는 생명, 극한의 온도와 압력 속에서도 살아남을 수 있는 생명 등 지구와 전혀 다른 환경 속에서는 지구 생물과 전혀 다른 형태의 생명체가 존재할 가능성도 있을 수 있다. 이제 지구 밖 외계 생명체를 찾기 위해 어떤 노력을 했는지 알아보자.

:: 외계 생명체에 대한 가능성

유기물은 생물체의 구성 성분을 이루는 화합물, 또는 생물에 의하여 만들어지는 화합물로, 탄소를 기본으로 하고 수소, 산소, 질소, 황 등으로 이루어진 분자들이다.

만약 우주 공간에서 유기물이 많이 발견된다면, 이는 생명체가 존재한다는 직접적인 증거는 아니지만 생명체가 탄생하거나 존재할 가능성이 매우 높다는 것을 의미한다. 분자를 이루면서 결합되어 있는 원자들은 미세한 회전이나 진동 현상에 의해 주로 전파 파장 영역의 에너지를 방출한다. 1960년대 이후 전파망원경의 관측으로 성간 물질들로 이루어진 성운들을 관측한 결과, 분자 상태의 많은 물질들이 우주 공간에서 발견되었다. 그중에는 생명체의 재료인 유기 분자들, 즉 물 문자는 물론이고, 수산기, 포름알데히드, 포름산, 에탄올 등도 다양하게 포함되어 있다. 이와 같이 생명에 필요한 기본 유기물들은 우주 공간에 충분히 많은 것이 확인되고 있으며, 비록 이 물질들이 직접 생명체를 만들 것이라는 생각은 어렵겠지만, 우주 공간에 생명체가 존재할 가능성이 없지 않다는 생각을 하기에는 충분하다.

:: 태양계 탐사

지구 밖 우주 공간에서의 생명체 탐사에 대한 다양한 연구들 중에서, 인간이 직접 탐사 장비를 보내어 생명체의 존재 여부를 확인하거나 생명체의 생존을 위한 환경 조건을 검토할 수 있는 영역은 태양계이다. 태양계 탐사는 1957년 소련이 개발한 최초의 인공위성 스푸

트니크 1호를 시작으로 촉발되면서 달 탐사가 본격적으로 진행되었다. 1959년 9월 13일에는 루나 2호가 최초로 달에 착륙했다. 미국은 1961년 유인 달 착륙 계획을 발표했고, 드디어 1969년 7월 20일에는 유인 달 탐사선 아폴로 11호가 달 착륙에 성공했다. 그 뒤로도 달 탐사는 계속 이어지다가, 1976년 루나 24호를 마지막으로 한동안 달 탐사

아폴로 11호가 달 착륙에 성공했다. 암스트롱이 촬영한 올드린. 헬멧에 암스트롱의 모습이 비친다.

는 중단되었다. 1990년 일본이 히텐을 발사하면서 달 탐사는 다시 시작되었고, 최근에는 일본의 셀레네호, 중국의 창어호와 인도의 찬드라얀호 등을 발사하여 달 표면에 물의 존재 가능성을 확인하는 등 달 탐사가 다시 활발해지고 있다.

달 탐사와 더불어 우주 탐사선을 활용한 태양계 행성들의 탐사가 이어져 왔다. 1960년대와 1970년대에 걸쳐, 매리너, 파이어니어, 바이킹, 보이저 등의 태양계 우주 탐사선 계획을 통해 수성, 금성, 화성, 목성, 토성 등의 행성 탐사가 활발하게 진행되었다. 금성 탐사는 1962년 마리너 2호로 시작되었는데 1978년 비너스 1호, 2호가 표면의 대략적인 데이터를 얻었다. 1989년에는 레이더 관측 장비를 실은 마젤란호가 발사되어, 금성 표면의 고해상도 지도 작성에 성공했다. 2006년 4월에는 비너스 익스프레스 탐사선이 금성에 도착하여 구름층의 변화를 정밀 측정했다. 이러한 연구의 결과, 금성의 대기는 두꺼운 이산화탄소 구름으로 덮여 있으며, 이에 의한 온실 효과 때문에 표면 온도가 섭씨 500도를 넘고, 대기압 또한 지구의 거의 100배에나 달하는 것으로 나타났다. 이러한 조건들로 볼 때 금성에는 우리가 기대하는 생명체가 존재할 수 있는 가능성이 거의 없을 것으로 보인다. 한편 마리너 10호가 수성 전 표면의 절반 이상에 대한 영상을 찍었으며 표면 온도를 측정하고 자기장의 존재를 확인하는 등의 성과는 있었으나, 수성에서 대기나 생명체의 증거 등은 발견하지는 못했다.

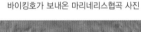

:: 화성 탐사

태양계의 네 번째 행성인 화성은 크기가 지구의 반 정도밖에 되지 않고 지구에 비해 태양으로부터 약 1.52배 멀리 떨어져 있다. 온도가 매우 낮기는 하지만, 계절이 존재하며, 대기가 있고, 암반의 표면 등을 가지고 있는 등 지구와 유사한 특성을 많이 가지고 있어 태양계 내의 생명체 탐사에 대한 관심이 가장 많은 천체이다.

1960년대 초기에 이르기까지 몇 차례의 화성 탐사 노력이 실패한 후, 1965년 마리너 4호가 비로소 화성 근처에 접근하여 사진 촬영에

바이킹호가 보내온 마리네리스협곡 사진

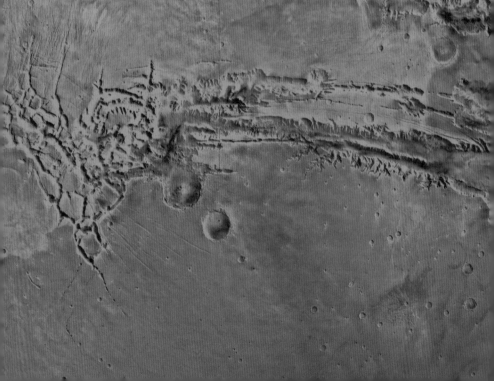

성공했다. 마리너 계획은 1971년까지 지속되어 마리너 9호는 화성 대기의 먼지 폭풍 현상 및 크레이터, 협곡 등의 지형을 확인했을 뿐만 아니라, 물이 흐른 흔적 등을 발견하기도 했다. 그 후 1976년에 최초로 화성 표면에 착륙하는 데 성공한 바이킹 1호와 2호 착륙선은 화성 표면의 생생한 영상을 지구로 전송했다. 또한 바이킹 착륙선들은 화성 지표의 흙과 암석을 채취하여 생명체의 흔적을 찾는 정밀 조사를 실시했지만 생명체의 증거를 찾지는 못했다.

1990년대 후반 로버, 즉 로봇차를 이용한 화성 표면 탐사가 활발

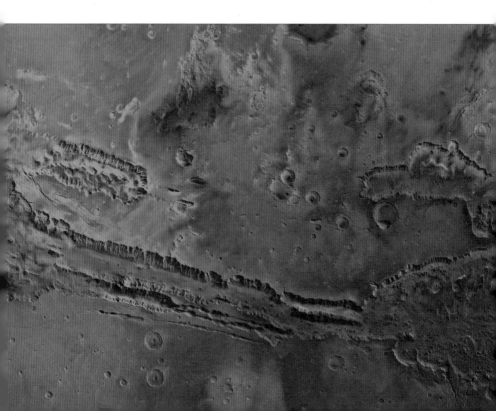

🔺 스피릿 로버가 화성 탐사를 수행했다.
🔻 화성 표면 게일 크레이터에 서 있는 큐리오시티(2012년 10월 31일)

하게 진행되면서, 화성에 대한 다양한 정밀 정보를 얻을 수 있게 되었다. 로버는 지구에서의 신호를 수신하여 화성 표면에서 움직이며 탐사할 수 있는 유용한 장치이다. 1997년 화성 탐사선 패스파인더가 화성 표면에 착륙했고, 패스파인더에 실렸던 로버 소저너호가 분리되어 약 100일 동안 화성 표면을 돌아다니며 많은 정보를 전송했다. 그 결과 화성의 토양의 지각 변동 사실과, 대기와 지표의 상호 작용, 강한 폭풍과 수증기 같은 물질들에 의해 지표 모양의 변형 증거 등이 확인되었다. 또한 암석에 박힌 자갈들의 형태는 오래전 화성에도 물이 있었다는 단서가 되었다. 그러나 가장 기대했던 것, 즉 생명체가 존재하는지에 대해서는 직접적인 증거를 찾지 못했다.

한편 2008년 7월 화성 탐사선 피닉스가 화성에 물이 존재함을 확인하기도 했다. 패스파인더 계획 이후, 2004년 1월에는 각각 스피릿과 오퍼튜니티로 불리는 탐사 로버들이 화성 표면 착륙에 성공하여 화성 표면의 특성은 물론 생명체 탐사를 수행했다. 스피릿은 약 6년간의 탐사를 마치고 임무를 종료했으며, 오퍼튜니티는 지금도 활약하고 있다. 2012년 8월에는 큐리오시티 탐사 로버가 화성 표면에 착륙하여 정밀 탐사를 수행했다. 큐리오시티는 로봇팔로 드릴을 이용해 암석을 약 5센티미터 뚫어 성분을 분석할 수 있으며, 화성의 기온과 습도, 바람 등 기후에 대한 정보도 수집한다. 주요 핵심 임무는 화성의 생명체 존재 여부를 파악하는 것이었다. 놀랍게도 화성 표면에서 채취한 미세한 흙을 분석한 결과 수분이 전체 질량의 2~3퍼센트에 달하는 것으로 확인되어, 화성에 물이 존재하고 있음을 과학적으로 직접 입증했다. 최근 2015년 10월 29일에는 미국항공우주국NASA이 화성 표면에 액체 상태의 물이 존재한다고 발표했다. 화성의 일부 지역에서 반복적으로 계절에 따라 어두운 경사면이 나타났다가 사라졌는데, 이것을 나트륨이나 마그네슘 등의 염류를 포함한 물이 흐르며 생긴 현상이라고 설명했다.

이와 같이 화성 탐사의 여러 증거로 미루어 볼 때 화성은 과거 또는 현재에 생명이 존재할 수 있는 환경은 갖춘 것으로 추정된다. 하지만 실제 화성에 생명이 존재한 적이 있는지, 현재 생명체가 존재하고 있는지에 대해서는 아직까지 확실한 해답을 얻지 못했다.

:: 화성 생명체

화성에서의 생명체 존재에 대한 증거는 지구 표면에 떨어진 운석에서 나타나기도 한다. 1984년 남극 빙하지대에서 약 13,000년 전에 지구에 떨어진 것으로 추정되는 '앨런힐스 84001' 운석이 발견되었다. 메케이를 비롯한 과학자들은 이 운석 속의 광물의 성분을 분석해 화성에서 떨어져 나온 운석으로 판명했다. 그런데 더욱 놀라운 사실은 이 운석이 포함하고 있는 화석을 분석한 결과, 35억 년 전 지구의 박테리아와 유사한 원시 미생물에서 형성되는 유기 화학 물질의 화석을 포함하고 있었다는 것이다. 이러한 유기 화학 물질의 화석이 운석의 깨진

앨런힐스 84001

틈에 들어 있는 것으로 미루어 보면, 화성이 형성된 후 당시의 원시 미
생물이 물과 함께 암석의 틈새로 스며든 것으로 추정된다. 만약 이와
같은 추정이 옳다면, 과거의 화성에는 생명체가 존재했고 어쩌면 현재
에도 생명체가 존재할 가능성이 있다고 생각할 수 있다.

　　그러나 반대 의견도 분분하다. 이 운석이 지구에서 형성된 암석일 수도 있으며, 화성에서 온 운석이라 할지라도 지구 물질들로 오염되었을 가능성도 제시되고 있다. 현재까지 화성에 기원을 둔 100여 개의 운석이 지구상에서 발견되었다. 이들에 대한 보다 정밀한 연구와 분석을 통해 화성에서의 생명체 존재에 대한 명확한 증거가 나오기를 기대해 본다.

:: 목성 너머의 행성들

목성, 토성, 천왕성, 해왕성 등 태양계 내의 목성형 행성에 대해 가장 많은 탐사를 수행한 우주 탐사선은 파이어니어 10호와 11호, 그리고 보이저 1호와 2호이다. 파이어니어 10호는 1972년 3월에 발사되어 목성을 근접 촬영하고 해왕성 궤도를 통과했다. 파이어니어 11호는 1973년 4월에 발사되어 목성과 토성을 근접하여 통과하면서 목성과 목성의 위성들, 그리고 토성의 띠 등을 탐사했다. 보이저 1호와 2호는 1977년에 발사됐으며, 목성과 토성, 그리고 천왕성, 해왕성 등을 이들 행성과 위성에 관한 많은 자료와 사진을 전송했다. 이처럼 태양계 탐사선들은 목성의 띠, 목성의 위성인 이오의 화산 활동, 목성의 위성인 유로파의 표면이 얼음으로 덮여 있다는 사실, 토성 고리의 복잡한 구조, 토성의 위성인 타이탄의 대기 등을 조사하는 등 다양한 성과를 이루었다.

:: 생명체가 존재할 가능성

목성의 위성 중 4번째로 큰 유로파는 태양계에서 생명체의 존재가

🔼 토성에 접근한 파이어니어 11호(상상도)
🔽 보이저 1호(상상도)

외계 생명체가 있을까?

가장 기대되는 천체 중 하나이다. 파이어니어호와 보이저호의 탐사와 더불어 1989년에 발사되어 1995년에 목성에 도착한 갈릴레이 탐사선의 정밀 탐사 결과에 따르면 유로파는 표면의 얼음 밑에 소금을 함유한 액체의 물로 이루어진 바다가 존재할 가능성이 높아 보인다. 이러한 조건에서는 생명체가 존재할 가능성이 크기 때문에 과학자들은 유로파 표면의 얼음 층을 뚫고 들어가 내부 바다를 직접 탐사하는 로봇을 보내는 계획도 구상하고 있다. 최근에는 허블 우주망원경의 정밀 관측으로 유로파의 표면에서 솟아나오는 수증기의 흔적을 발견하기도 했다.

토성의 위성 중에서 6번째로 큰 엔켈라두스 역시 생명체 존재가 매우 기대되는 태양계 천체이다. 1997년에 발사되고 2004년 토성 궤도에 도달한 카시니 탐사선은 눈과 얼음으로 뒤덮인 엔켈라두스의 표면에서 수증기 기둥이 분출되고 있다는 사실을 발견했으며, 뿐만 아니라 표면 아래 넓은 바다는 생명체가 존재할 환경을 갖추고 있을 가능성을 제시했다. 한편 카시니 탐사선은 호이겐스라는 또 다른 탐사선을 싣고 토성 궤도에 도착했는데, 이 호이겐스 탐사선은 2005년 토성의 최대 위성인 타이탄에 착륙하여 표면을 탐사했다. 호이겐스가 보내온 영상은 타이탄의 표면에 얼음 덩어리들이 존재하며, 액체 상태의 메탄과 에탄을 주성분으로 하는 다양한 호수와 강이 존재한다는 사실을 확인시켜 주어, 타이탄에서의 생명체 존재의 가능성을 시사했다.

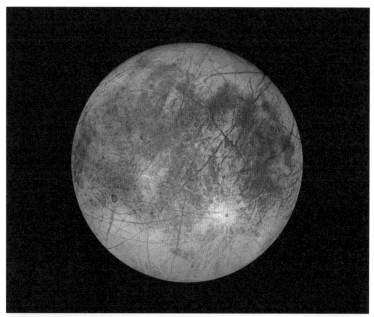

↟ 목성의 위성, 유로파
↡ 유로파의 수증기 기둥(상상도)

외계 생명체가 있을까?

:: 소행성과 혜성 탐사

최근 들어 태양계 천체들 중에서 소행성과 혜성들에 대한 탐사도 많이 수행되고 있다. 1985년 발사된 지오토 탐사선은 1986년 핼리 혜성에 접근하여 지구로 정보를 전송했다. 2004년 발사된 로제타 탐사선은 2014년 8월에 67P/추류모프-게라시멘코 혜성에 도착하여 혜성 표면을 직접 탐사하는 인류 최초의 혜성 착륙 탐사선이다. 1996년 발사된 니어슈메이커 탐사선은 253 마틸다와 433 에로스 소행성에 가까이 다가가 탐사했다. 2003년 발사된 하야부사 탐사선은 소행성 이토카와에 착륙하여 시료를 직접 채취하고 2010년 6월에 지구로 귀환했다.

:: 외계 행성을 찾아라

지구 밖 생명체 존재의 가능성에 대하여 천문학적으로 가장 활발하게 진행되는 연구 분야는 외계 행성 탐사이다. 외계 행성은 태양이 아닌 다른 별 주위를 공전하고 있는 행성들을 말한다. 행성들은 수성, 금성, 지구, 화성처럼 상대적으로 크기가 작고 지각 구조를 가지고 있는 지구와 특성이 비슷한 지구형 행성과, 목성, 토성, 천왕성, 해왕성처럼 목성과 성질이 비슷하며 기체로 되어 있고 밀도가 지구형 행성보다 낮은 목성형 행성으로 나누어진다. 외계 행성계를 이루는 행성들 중에서 태양계에서의 지구와 유사한 조건을 가지고 있는 지구형 행성들이 발견된다면, 이 행성들에는 우리가 기대하는 생명체의 존재 가능성이 매우 높을 것이다.

외계 행성은 그 행성이 속해 있는 별의 빛을 반사하는 작고 어두운 천체이므로 관측하기가 매우 어려웠다. 그러나 1990년대 이후 대형 망원경들이 등장하고 검출 장치가 발전하면서 많은 외계 행성이 발견되고 있다. 그럼에도 불구하고 현재의 기술 수준에서 망원경을 이용해 외계 행성을 직접 사진으로 찍는 것은 매우 어렵기 때문에, 지금까지 발견된 외계 행성들 중 대부분은 간접적인 방법을 통해 발견되었다.

행성을 가지고 있는 별은 두 천체의 질량 중심에 대해 약간씩 흔들리는 미세한 주기 운동을 한다. 비록 행성이 보이지 않더라도 이 미세 이동 현상을 관측하면, 별 주변의 행성의 존재를 간접적으로 확인할 수 있다. 또한 이렇게 미세 운동을 하는 별들은 관측자 방향에 대해 가까워지거나 멀어지는 현상이 나타나는데, 별빛의 도플러 효과를 감안해 시선 속도를 측정해 봐도 주변 행성을 간접적으로 확인할 수 있다. 행성이 별 주변을 공전하는 동안 별 앞이나 뒤쪽을 지날 때 별빛을 가리거나 행성 자체의 빛이 사라진다. 이러한 별가림 현상을 정밀 측정하면 행성의 존재와 크기 등을 확인할 수 있다. 별 주변에 있으나 직접 보이지 않는 행성은 배경에 있는 별들의 빛을 증폭시킬 수 있는데, 이러한 미세 중력렌즈 현상을 활용하여 행성을 찾기도 한다. 1992년 전파천문학자 볼시찬과 프레일은 펄서 주변을 공전하는 외계 행성 두 개를 발견했다고 발표했으며, 이 발견은 추가 검증을 통해 외계 행성의 존재가 입증된 최초의 발견으로 인정받고 있다. 외계 행성 탐사가 시작된 초반에는 대부분 목성형 행성들이 발견되었다. 2009년 지구형 행성을 찾는 것을 주목적으로 하는 케플러 우주망원경이 외계 행성 탐사에 활용되면서 2,000여 개의 외계 행성이 발견되었으며, 그중에는 지구형 행성도 상당수 포함되어 있었다.

:: 까다로운 조건들

별 주변에 지구형 행성이 존재한다고 하더라도, 이 행성에서 우리가 기대하는 생명체가 존재하기 위해서는 행성이 별로부터 적절한 거리를 유지하여 지구와 유사한 환경이 조성되어야 한다. 예컨대 지구의 경우, 지금과 같은 생명체가 존재하는 자연환경을 유지하기 위해서는 현재 태양으로부터 받는 에너지의 0.9~1.3배의 에너지를 받을 수 있는 거리, 즉 대략 0.8~1.1천문단위의 매우 좁은 거리 범위 안에 위치해야만 한다. 그보다 더 가깝거나 멀면 태양에서 오는 에너지가 너무 많거나 너무 적어서 생명체가 존재하기에는 부적합하기 때문이다. 이와 같이 행성에서의 생명체 존재가 가능한 위치를 안락지대 또는 안전지대라고 하며, 영국 동화에 나오는 소녀의 이름을 따서 '골디락스 존'이라고도 부른다. 크고 밝은 별 주위의 행성은 안락지대가 별에서 멀리 떨어져 있을 것이며, 작고 어두운 별 주위의 경우는 별과 가까운 곳에 안락지대가 형성될 것이다.

그러나 별 주변에서 발견되는 지구형 행성들이 안락지대에 위치한다고 하더라도 생명체가 존재하려면 다양한 까다로운 조건들이 요구된다. 행성에는 적절한 대기가 존재해야 하며, 자전 또는 공전을 통해 기후의 일변화와 계절 변화 등이 적절히 이루어져야 하며, 또한 적절한 자전축의 기울기 및 공전 궤도 등이 전제되어야만 한다.

:: 어쩌면 어딘가에

지구상에는 우리를 비롯한 다양한 생명체가 존재하며, 우리는 지구 밖 외계에도 생명체가 존재할 것을 기대하고 그에 대한 탐사와 연구를 지속하고 있다. 생명체의 재료가 되는 우주 속의 유기물 탐사, 태양계의 생명체 탐사, 그리고 생명체가 살 수 있는 외계 행성계의 탐사와 같은 적극적인 노력을 통해 현재 우리는 우주에 생명체가 존재할 가능성에 대해서는 매우 높은 기대감을 가지고 있다. 그러나 아직까지는 지구 밖 생명체 존재의 확실한 증거는 드러나지 않았다.

어쩌면 외계의 생명체는 우리가 전혀 기대하지 않은 모습을 하고 있을지도 모른다. 최근에는 독극물인 비소를 먹고사는 생명, 빛이나 산소가 없어도 살 수 있는 생명, 극한 온도나 방사능 노출에도 살아남는 생명체들이 발견되고 있다. 이와 같이 지구의 일반적인 환경과 전혀 다른 극한의 우주 환경에 적응한 완전히 새로운 구조와 형태의 생명체가 지구 밖 어딘가에 존재할지도 모를 일이다.

10

짜릿한 맛 외계 지성체

외계로 신호를 보내다

:: 외계 지적 생명체 탐사

우리가 가장 기대하는 외계 생명체의 모습은 우리와 유사하거나 더
욱 발전된 문명을 가진 외계 지성체, 즉 이티$^{ETI(extraterrestrial\ intelligence)}$일
것이다. 우주의 수많은 별 중에서 어딘가에는 지구와 같은 행성이 있
을 것이며, 그곳에 고도의 문명을 가진 생명체가 존재한다면 그들 역
시 그들이 보는 외계의 생명체와 정보의 교환을 원하고 있을지 모를
일이다. 외계 지성체의 문명이 발달하여 충분한 과학 기술과 통신 기
술을 익히고 사용하고 있다면, 우리가 보내는 정보를 받고 이해할 수
있음은 물론이고 그들이 직접 우리에게 우리가 이해할 수 있는 정보를

보낼 수도 있는 것이다. 이와 같이 외계의 지적 생명체를 찾고자 하는 일련의 노력을 통틀어 외계 지적 생명체 탐사 또는 세티SETI(Search for Extra Terrestrial Intelligence)라고 한다.

:: 화성의 지적 생명체 거주설

퍼시벌 로웰은 외계 지적 생명체를 직접 탐사하고 연구한 특이한 천문학자였다. 로웰은 우리나라와도 매우 인연이 깊다. 1883년 조선의 미국 수호통상사절단을 미국으로 인도하는 임무를 맡기도 했으며, 이후 조선에 약 3개월간 체류하면서 알게 된 조선 사회에 대하여『조용한 아침의 나라 조선』이라는 책을 1885년에 출간하기도 했다. 조선과 관련한 활동으로 노월이라는 한국 이름도 갖고 있다. 1894년 미국

로웰이 그린 화성 표면

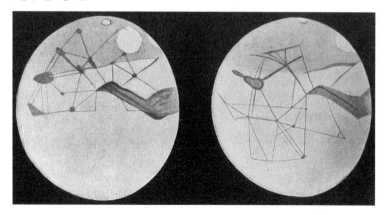

의 애리조나주 플래그스탭으로 이주하여 살게 된 로웰은 개인 돈을 들여 천문대를 짓고 15년 동안 화성 관측에 주력했으며, 자신의 관측 내용을 세 권의 책, 『화성Mars, 1895년』, 『화성과 수로Mars As and Its Canals, 1906년』, 『생명체가 있는 곳 화성Mars As the Abode of Life, 1908년』으로 출판했다. 로웰은 망원경으로 본 화성의 표면을 정밀 스케치했는데, 줄무늬처럼 보이는 화성 표면의 구조는 화성의 생명체들이 건설한 운하로 생각했으며, 자신의 이러한 관측 결과를 토대로 당시 널리 퍼져 있던 화성의 지적 생명체 거주설, 즉 화성 문화론을 더욱 확신했다.

:: 오즈마 계획

외계 문명체를 찾기 위한 세티 연구에서 현대 과학적 방법이 처음으로 시도된 것은 1960년대로, 미국 버지니아주 그린뱅크 전파천문대의 드레이크가 주도했다. 드레이크는 외계 문명이 존재한다면 전파를 이용하여 외부 세계와 교신하려 할 것이라고 생각하고 이 계획을 추진했다. 우주 공간에는 중성 수소가 가장 많이 분포하고 있으며, 중성 수소는 21센티미터 전파 에너지를 내놓는 특성이 있다. 또한 전파는 파장이 길어 우주 공간에 존재하는 물질들뿐만 아니라, 지구의 대기에 의해 흡수 또는 산란이 거의 일어나지 않으므로 정보의 전달 수단으로 매우 유용한 특성이 있다. 드레이크는 지적 문명체라면 이와 같은 과학적 사실을 잘 이해하고 있을 것이며, 그들도 외계의 또 다른 문명체와 교신을 시도한다면 전파를 이용할 것이라고 생각했다.

드레이크는 그린뱅크 천문대의 지름 26미터 전파망원경을 고래자리 타우별과 에리다누스자리 입실론 별에 맞추어 그곳으로부터 혹시 오고 있을지도 모르는 전파 신호를 수신하기 위해 노력했다. 이 두 별은 우리와의 거리가 15광년 이내로 비교적 가까이 있다. 태양과 매우 유사한 특성이 있어서 지구와 비슷한 행성들을 가지고 있으며 그중에는 우리처럼 문명을 가지고 있는 지성체들이 교신을 시도하고 있을 지도 모른다고 생각한 것이다. 그러나 안타깝게도 두 개의 별에 대해 400여 시간 동안 전파 수신 관측을 시도했지만, 외계 지성체가 보내고 있을 것으로 생각되는 어떠한 신호도 수신하지 못했다. 이 연구를 오즈마 계획이라고 불렀는데, 동화『오즈의 마법사』에 나오는 오즈 나라의 오즈마 여왕이 살고 있는 세계는 발견하지 못했다.

:: 외계 지성체를 찾아서

외계 지성체 탐사의 방법은 크게 능동적 외계 지성체 찾기와 수동적 외계 지성체 찾기로 나눌 수 있다.

능동적 외계 지성체 찾기는 외계인을 찾아 나서는 방법으로 우리가 직접 외계인에게 메시지를 보내서 그들의 응답을 받는 방법이다. 이 방법은 우리의 외계에 대한 의지를 담아 보낸다는 매우 흥미로운 의미를 가지고 있다. 그러나 우주 공간은 광활하고 수많은 천체가 있어서,

우리가 보내는 메시지나 신호가 도달 또는 전달될 수 있는 확률은 지극히 드물다는 한계가 있다.

수동적 외계 지성체 찾기는 외계로부터 보내오는 신호를 받아 그들

파이어니어호에 실어 보낸 금속판 그림 엽서. 칼 세이건의 전 부인 린다 살츠만이 그렸다.

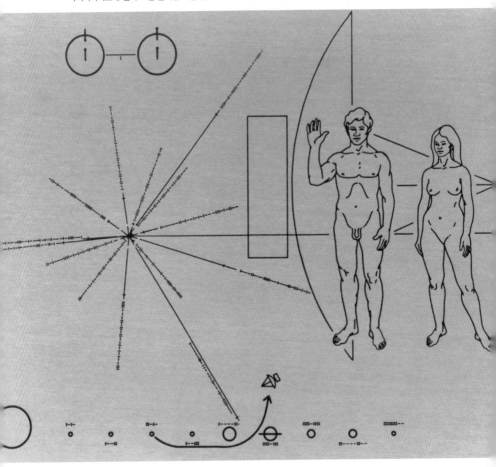

의 존재를 확인하는 방법이다. 이 방법은 외계의 특별한 신호를 기다린다는 비적극적인 의미를 가지고 있다. 하지만 광활한 우주 공간의 수많은 별 중에서 외계로 향한 신호를 보내는 지성체들의 노력이 여러

보이저호 금제 음반 앞면

보이저호 금제 음반 뒷면

곳에서 시도되고 있다면, 우리가 그들의 신호를 받고 그들의 존재를 확인할 수 있는 확률은 그만큼 높을 수 있다는 장점이 있다.

외계 지성체와 접촉을 시도한 최초의 능동적인 방법은 1972년과 1973년에 파이어니어 10호와 11호에 실어 보낸 우주인에게 보내는 그림 엽서였다. 이 계획은 파이어니어호를 통해 외계 생명체 탐사 연구를 시도한 칼 세이건이 주도했다. 가로 9인치와 세로 6인치의 알루미늄 도금판에 새겨넣은 그림 문자는 우주의 미세 먼지에 의해 마모가 된다고 하더라도 10만 년 이상 남아 있을 정도로 깊이 새겼다.

이 그림 엽서에는 우주에서 가장 흔한 물질인 수소 원자의 미세 구조, 파이어니어호의 모습, 태양의 위치를 추정할 수 있는 15개 펄서의 위치, 태양과 태양계 행성들의 위치, 지구의 위치와 파이어니어호의 궤도, 남녀 나신의 인간의 모습과 2진법으로 나타낸 인간의 평균 신장을 담았다. 그림 속의 남자는 마치 외계 지성체들에게 인사를 하는 것처럼 오른손을 들고 있다.

1977년에 발사된 보이저 1호와 2호에는 지구상의 생명체와 다양한 문화를 알리는 소리와 음악, 그리고 그림 영상 등의 정보가 기록되어 있는 금으로 된 레코드 음반을 실었다. 이 음반의 내용 역시 칼 세이건이 주도하여 선정했는데, 고래, 파도, 코끼리, 로켓, 선박, 걸음걸이 소리 등 지구의 다양한 소리, 바흐의 브란덴부르크 협주곡 등 90분짜리 음악, 55개의 언어로 된 각국의 인사말, 그리고 아날로그 형태로 기록된 115개의 지구의 사진 등이 들어 있다. 인사말에는 "안녕하세요"라는 우리말 소리도 들어 있다. 이 음반의 뒷면에는 음반 재생 방법, 영상 재생 방법, 태양의 위치, 수소 원자의 구조에 대한 내용이 새겨져 있다.

미지의 우주로 발사된 지 약 40년이 지난 파이어니어호나 보이저호는 현재 태양계를 거의 벗어났으며, 1광년을 가는 데 25,000년 정도 걸리는 속력으로 우주 공간을 날아가고 있다. 태양에서 가장 가까운 별인 켄타우루스 알파성까지의 거리가 약 4.3광년이므로, 우리의 엽서가 이 별까지 전달되는 데는 10만 년 정도 걸릴 것으로 예상한다. 비록 파이어니어호와 보이저호에 실어 보낸 지구인의 메시지가 혹시 있을지도 모르는 외계 지성체에게 직접 전달되고 이해될 수 있을 확률은 거의 없어 보이지만, 지구상에 살고 있는 우주 생명체인 우리의 적극적인 의지를 담았다는 데 더 큰 의의가 있다. 어쩌면 고도로 발달한 문명을 가진 외계 행성에 살고 있는 외계 지성체들이 이미 태양계 근처에 와 있다면, 우리가 생각하는 것보다 훨씬 더 빨리 우리의 메시지를 찾아낼지도 모른다.

:: 외계로 신호를 보내다

우주 탐사선에 실려 보낸 메시지 외에도 1974년 드레이크와 칼 세이건은 세계 최대 규모의 지름 300미터 아레시보 전파망원경을 이용하여 3분 동안 전파 신호를 외계로 향해 보냈다. 전파가 향한 곳은 지구에서 25,000광년 떨어져 있는 헤르쿨레스성단 M13으로, 이 성단은 약 100만 개의 별로 이루어져 있다.

이 전파 메시지는 2진수 1,679자리로 이루어져 있다. 1,679라는 숫자는 2개의 소수 73과 23이 곱해진 것으로, 2진수의 0과 1을 가로 23칸 세로 73줄로 직사각형으로 배열하면 메시지의 모양이 드러난다. 이 전파 메시지를 그림으로 해독하면 1에서 10까지의 숫자, DNA의 구성 원자인 수소, 탄소, 질소, 산소, 인의 원자 번호, DNA의 뉴클레오타이드를 이루는 당과 염기의 화학식, DNA의 뉴클레오타이드의 수와 DNA 이중나선 구조의 모양, 인간의 형체, 평균적 남성의 신장, 지구

아레시보 전파망원경

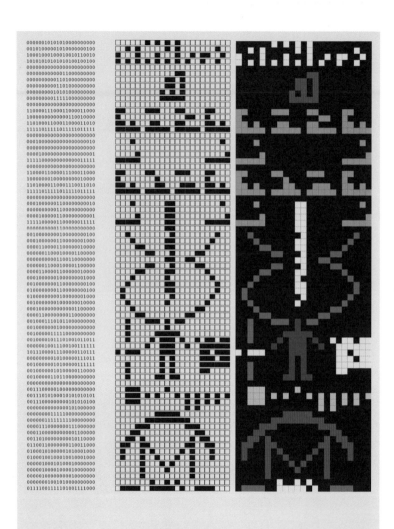

```
0000001010101000000000
00101000001010000000100
10001000100010010110010
10101010101010100100100
00000000000000000000000
00000000000011000000000
00000000001101000000000
00000000001101000000000
00000000001010100000000
00000000011111000000000
00000000000000000000000
11000011100010000011000
10000000000011010010000
11010001100011000011010
11111011111011111011111
00000000000000000000000
00010000000000000000010
00000000000000000000000
00010000000000000000001
11111000000000000011111
00000000000000000000000
11000011000011100011011
10000000100000000010000
11010001100011100111010
11111011111011111011111
00000000000000000000000
00100000001100000000010
00000000001100000000000
00010000011000000000001
11111000001100000011111
00000000011000000000000
00100000001000000000100
00100000001100000001000
00001100001100000010000
00001100010001100110000
00000000011001100000000
00001100010001000100000
00011000011000001100000
00010000001000000001000
00100000001100000000100
01000000001100000000100
01000000000100000001000
00100000001000000010000
00001100000001100000000
00011000000011000000000
01000111010110000000000
00100000100000000000000
00100000111110000000000
00100001011101001011011
00000010011100100111111
10111000011100000110111
00000000010100001011011
01000000010100000111111
00100000010100001100000
01000001101100000000000
00000000000000000000000
00111000001000000000000
00111010100010101010101
00111000000010101010100
00000000000000101000000
00000000001111000000000
00000011111111100000000
00011100000011100000000
00011000000000011000000
00110100000000101000000
01100110000011100011000
01000101000010010001000
01000100100010010001000
00001000010100010000000
00001000010000010000000
00001000000010000000000
00000001001010000000000
01111001111101001111000
```

의 인간 개체 수, 태양계의 모습, 메시지를 발송한 전파망원경이 있는 아레시보 천문대의 모습과 그 크기 등이 들어 있다.

그러나 빛의 속력으로 전달되는 이 전파 신호가 헤르쿨레스성단의 별들에게 도달하려면 25,000년이나 걸리고, 그곳에 있을지도 모르는 외계 문명체가 이를 감지하고 해독하여 우리에게 답 신호를 보낸다 하더라도 25,000년이 더 걸린다. 그러므로 이러한 아레시보 전파 메시지는 외계 지성체와 접촉하려는 시도라기보다는, 외계로 향한 지적 문명체인 지구인의 능동적이며 적극적인 의지를 표현한 노력으로 이해될 수 있을 것이다.

한편 우리는 본의 아니게 능동적인 우리의 메시지를 외계에 끊임없이 보내고 있다. 우리는 방송 통신을 통해 매일 수많은 전파 신호를 교환하는데, 이러한 전파 신호들은 지구의 대기를 뚫고 우주 공간으로 끊임없이 전달되고 있는 것이다. 인간이 전파 통신을 시도한 지 거의 100여 년의 시간이 흘렀다. 그렇다면 이미 100광년 떨어진 우주 공간까지 인간의 전파 신호가 전달되어 있을 것이다.

:: 외계 지성체가 신호를 보낸다면

우리은하에는 수천억 개의 별이 있다. 그중에는 태양처럼 지구 같은 행성을 거느리고 있는 별도 많이 있을 것이다. 그리고 그중 어떤 행성에는 우리처럼 외계 지성체에 호기심을 갖고 있는 지성체들이 있을

'Wow!'라고 적은 기록지

수도 있다. 그들 역시 우리처럼 다양한 방법으로 자신들의 신호를 우주 공간으로 내보내고 있을지도 모른다. 그리고 그러한 시도는 우리가 기대하는 것보다 충분히 더 많을 수 있다. 어쩌면 외계에서 보내는 신호를 기다리면서 확인하는 수동적 탐사가 외계 문명체를 찾는 데 더 효율적일 수 있다.

1977년 8월 15일 밤 세티 프로젝트에 참여하고 있던 제리 이먼은 오하이오주립대학교 전파망원경이 궁수자리 방향에서 수신된 전파 신호를 프린트해서 분석하고 있었다. 그때 매우 강한 신호를 발견하고 이 신호가 외계 지적 생명체가 보낸 특별한 신호일지도 모른다는 생각에 놀란 마음으로 그 기록지에 'Wow!'라고 적었다. 그러나 외계 지성체의 의도적 신호라면 그 후에 다시 전파의 수신이 이루어져야 하는

데, 이후로 다시 발견되지 않았다.

외계 지성체가 보내는 전파를 수신하려는 노력은 1984년 세티 연구소가 설립되면서 본격화되었다. 1995년부터 2001년까지 아레시보 전파망원경 등을 활용하여 우리와 200광년 거리 이내에 있으면서, 태양과 유사한 별 1,000여 개에서 오는 전파를 수신하는 피닉스 프로젝트가 진행되었다. 1998년에는 호주의 파크스 전파망원경을 활용한 외계 문명체 전파 신호 탐사 연구가 시작되었으며, 2001년부터는 미국의 캘리포니아 라센산에 지름 6.1미터 전파망원경 350개를 집합체로 설치를 시작하여, 약 500만 개의 별에서 오는 외계 전파 탐사를 진행하고 있다. 뿐만 아니라 외계 문명체들이 지구의 지성체를 인식하고 의도적으로 강력한 가시광선 신호를 우리에게 보낼 수 있다는 가정 하에, 가시광선 영역의 외계 신호를 찾는 노력도 하고 있다.

그러나 이러한 숱한 노력에도 불구하고 외계 문명체로부터의 신호는 지금까지 묵묵부답이다. 외계에는 문명을 가진 지적 생명체가 없는 것일까? 외계 지성체를 찾기에는 지금까지 우리가 노력한 기간이 너무 짧았던 것일까?

: : 외계 지적 문명의 수를 계산해 보자

1961년에 프랭크 드레이크는 외계 지적 문명의 수를 계산하는 방정식, $N = R \times f_p \times n_e \times f_l \times f_i \times f_c \times L$ 을 제안했다. 이 방정식에는 천문

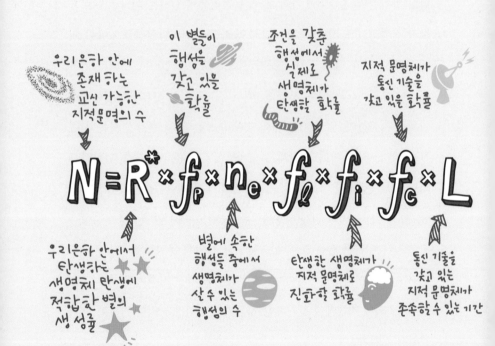

우리은하 안에
존재하는
교신 가능한
지적문명의 수

이 별들이
행성을
갖고 있을
확률

조건을 갖춘
행성에서
실제로
생명체가
탄생할 확률

지적 문명체가
통신 기술을
갖고 있을 확률

$$N = R^* \times f_p \times n_e \times f_\ell \times f_i \times f_c \times L$$

우리은하 안에서
탄생하는
생명체 탄생에
적합한 별의
생성률

별에 속한
행성들 중에서
생명체가
살 수 있는
행성의 수

탄생한 생명체가
지적 문명체로
진화할 확률

통신 기술을
갖고 있는
지적 문명체가
존속할 수 있는 기간

드레이크 방정식

학적 지식과 생물학적 지식, 그리고 사회 문화적 지식이 7개의 계수에 집약되어 있으며 이 계수들의 곱으로 우리은하 내에 우리와 교신할 수 있는 지적 문명의 수 N를 추론할 수 있다. 물론 교신의 수단은 전파로서, 이는 지적 문명을 가지고 있음을 의미한다.

천문학적 계수에는 R, f_p, n_e 등 세 가지가 포함된다. 계수 R는 우리은하에서 1년 동안 새로운 별이 형성되는 비율이다. 이는 우리은하 내 별들의 총수를 평균 수명으로 나누면 대략적인 값을 추정할 수 있으며, 우리은하 내에 1,000억 개의 별이 있고 이들의 평균 수명이 태양과 유사하게 100억 년에 해당된다면, 약 10의 값을 갖는다. 계수 f_p는 이러한 별들이 행성을 가질 수 있는 가능성으로 비율로 표시되는 값이다. 드레이크는 이 값을 0.5로 제시했는데, 새롭게 생기는 두 별 중 적어도 하나는 행성을 가질 수 있다는 것을 의미한다. 최근의 외계 행성 탐사 연구 결과가 쌓일수록 더욱 정확한 계수 값을 결정할 수 있을 것이다. 계수 n_e는 생명체가 살 수 있는 적절한 환경을 갖춘 행성들이 각 행성계에 몇 개나 있는지를 나타내는 것이다. 예컨대 태양계의 경우 이 조건을 만족하는 행성이 1개, 즉 지구가 있으므로 1의 값을 가진다. 그러나 이 조건에 맞는 외계 행성계의 행성의 수는 더 많을 수도 있다.

생물학적 계수에는 f_l, f_i 등 두 가지가 포함된다. 계수 f_l은 생명체가 살 수 있는 조건을 갖춘 행성에서 실제로 생명체가 탄생할 가능성을 비율로 표시하는 값이다. 지구에는 생명체가 탄생했다. 이 경우가 모든 행성들에 대해 적용될 수 있다면, 이 계수는 1의 값을 가진다. 그러나 화성에는 생명체의 확실한 증거가 발견되지 않았으며, 이를 태양계에 적용한다면 이 계수는 1보다 작은 값을 가질 수 있다. 계수 f_i은 행성에서 탄생한 생명체가 지능을 가진 지적 문명체로 진화할 가능성은 비율로 나타낸 값이다. 적어도 지구에서는 우리처럼 복잡한 기능을 가진 지적 생물체로 존재하므로 이 값을 1로 추정할 수는 있다. 그러나 행성의 극단적인 환경 변화 등을 통해 비록 생명체가 존재한다고 하더라도 지적 문명으로 발전하기에는 그 확률이 매우 낮아질 수도 있다.

사회 문화적 계수에는 f_c, L 등 두 가지가 포함된다. 계수 f_c는 행성에 존재하는 지적 문명체가 다른 별에 대하여 자신의 존재를 알릴 수 있는 통신 기술을 가지고 있을 가능성을 비율로 나타낸 값이다. 우리와 같은 지적 문명을 소유한 생명체라면 전파를 비롯한 여러 통신 수단을 가질 수 있을 것으로 생각할 수 있으며, 이러한 경우 이 계수의 값은 1이 된다. 계수 L은 이러한 고도의 지적 문명이 지속되는 시간을 년으로 나타낸 값이다. 생물학적으로 이 값은 수억 년이 될 수도 있다. 그러나 지구의 경우를 보면 각종 환경 파괴나 전쟁의 위험 등을 생각할 때, 이 값은 의외로 수백 년 정도로 짧아질 수도 있다. 인간이 통신 기술을 확보한 지 이제 100년 정도 되었다. 앞으로 인간의 문명을 얼마나 지속해 나갈 수 있을지는 오직 인간 자신에게 달려 있는 것으로 보인다.

인간의 문명 지속 시간을 200년으로 보고 지금까지 언급된 계수 값들에 대해 가장 낙관적인 값을 택하여 모두 곱하면 우리은하 내에서 우리와 교신할 수 있는 외계 문명체의 수는 1,000개 정도로 계산된다. 그럼에도 불구하고 드레이크 방정식에서 추론되는 외계 문명체의 수는 기술 문명의 지속 시간, 즉 L에 비례하여 증가한다. 문명의 지속 시간이 1만 년이라면 기대되는 외계 문명의 수는 50배나 늘어날 수 있다. 즉 지구에 살고 있는 우리가 우리 문명을 얼마나 오랫동안 지켜 나갈 수 있는지가, 우리와 교신할 수 있는 외계 문명의 수를 결정하는 가장 중요한 요소가 된다.

11

궁금한 맛 미래

우주가 계속 팽창할까?

:: 현재의 우주

구스의 급팽창 이론을 전제로 한 빅뱅 우주론에 따르면, 현재의 우주가 만들어지기 위해 초기 우주는 빅뱅 직후 급팽창을 경험하면서 밀도 계수 오메가가 거의 1에 가까운 값을 가지며 편평한 곡률 구조로 시작했다. 구스와 거의 같은 시기에 린데 역시 비슷한 이론을 정립하면서 우주의 시공간에서 급팽창이 여러 번 있을 수 있는 가능성을 주장했다. 이러한 린데의 혼돈 급팽창 모형은 전체 우주 시공간 곳곳에서 새로운 급팽창이 일어나며 이에 따르는 아기 우주들이 잇달아 태어난다는 다중 우주의 개념을 제시했다. 우리 우주도 수많은 다중 우주 중의 하나라는 것이라고 주장한다. 다중 우주의 개념에서 각 우주의 밀도는 서로 다르며 따라서 밀도 계수 오메가의 값이 모두 다르다. 그러므로 각 우주를 지배하는 물리 법칙과 생명체 존재의 여부나 그 형태역시 다를 수밖에 없다. 다중 우주 중에서 초기 우주 밀도 계수 값이너무 큰 우주는 팽창률이 극히 작아 일찍 소멸될 수 있고, 또 어떤 우주는 초기 밀도가 너무 작아 너무 빨리 팽창하여 텅 빈 우주가 될 수도있다. 현재 우리 우주가 존재하는 그 자체를 린데의 다중 우주 개념으로 이해하면, 무수히 많은 초기 우주들 중에서 현재의 우리가 존재하기에 가장 적합한 상태의 우주, 즉 밀도 계수가 거의 1에 가깝게 되는급팽창을 경험한 우주 하나가 137억 년의 지속적인 팽창을 통해서 현재 우리의 우주가 된 것이다.

: : 우주는 빅뱅 이전에 디자인되었다

급팽창 이론과 다중 우주론을 바탕으로 한 현대 빅뱅 우주론에서 우주 전체 차원을 고려한 인간 존재의 조건, 즉 인간 창조를 위한 우주의조건을 보는 시각을 인본 원리^{anthropic principle} 또는 인류 원리라고 한다.인본 원리는 인간이 현재의 지구와 우주에 존재하기 위한 조건은 아주특별하다는 인류 발생 우주론의 개념을 제공하며, 1970년대 이후 호킹과 동료들에 의해 현대 우주론에 적용되기 시작했다. 현대 우주론에입각한 인본 원리는 약한 인본 원리와 강한 인본 원리로 나눌 수 있다.

약한 인본 원리는 초기의 급팽창을 경험한 우주의 전 역사 중에서 오직 특별한 최근의 기간 중에 인간의 존재가 가능하다는 것이다. 너무 젊은 우주 속에서는 별의 형성과 사멸 과정을 통해 우주 공간 속에 더해지는 중원소들이 아직 존재하지 않기 때문에 생명체가 존재할 수 없으며, 너무 늙은 미래의 우주는 대부분의 별들이 사멸한 공간으로 바뀔 것이므로 생명체 존재에 적합한 환경이 있을 수 없다.

　강한 인본 원리는 수없이 생길 수 있는 다중의 우주들 중에서 밀도 계수 1의 편평한 우주를 만드는 초기 급팽창을 경험한 오직 매우 특별한 우주만이 현재의 우주가 되었으며, 이러한 특별한 우주 속에서만 인류의 출현이 가능하다는 것이다. 그리고 이 특별한 우주의 자연 법칙들이 조금만 달랐어도 현재의 인류는 출현할 수 없었으며, 우주는 현재 인간의 존재를 위해 맞추어 만들어졌고 준비되어 왔다는 것이다. 급팽창 현상을 통해 우주의 밀도 계수 오메가가 1에 가까운 값을 가질 확률은 거의 0에 가까운 것으로 계산된다. 어떤 천문학자의 비유를 빌리면 앵무새 한 마리가 부리로 컴퓨터 자판을 임의로 두들겨 윤동주의 시 〈별 헤는 밤〉을 완벽하게 써 낼 수 있는 확률보다 작다. 그럼에도 불구하고 이러한 급팽창 현상이 우리 우주의 초기에 있었으며, 이후 우리 우주가 현재의 형태로 팽창해 왔다는 사실을 강한 인본 원리로 해석하면 현재의 우주는 빅뱅 이전에 이미 미세 조정되고 디자인되었다는 것을 의미한다.

:: 우주의 운명과 우주의 밀도

빅뱅과 급팽창, 그리고 시간의 역사에 따라 공간이 팽창해 온 우주. 우주의 미래는 어떻게 될까? 빅뱅 우주론은 우주의 운명을 상대성 이론에 근거해 그 해답을 찾고 있는데, 우주의 밀도에 따라 세 가지 형태의 가능성을 제시한다.

고무줄에 매달린 공을 던진다고 생각하자. 적절한 힘으로 공을 던지면 고무줄의 장력으로 인해 날아가던 공이 돌아올 수 있다. 그러나 매우 강한 힘으로 공을 던지면 고무줄을 끊고 더 멀리 날아갈 것이다. 매우 정교한 힘을 가한다면 고무줄에 달려 날아가던 공은 순간적으로 고무줄이 끊어짐과 동시에 떨어져 버릴 수도 있다. 팽창하는 우주에서 빅뱅에 의해 지금까지의 팽창을 유지해 오는 팽창 에너지는 고무줄을 던지는 사람의 힘과 유사하다. 그리고 고무줄의 장력은 우주를 채우고 있는 물질들의 질량에 의한 인력 효과와 유사하다. 우주의 팽창 에너지가 물질들의 인력보다 더 큰 경우 우주는 지속적으로 팽창할 것이며, 더 작은 경우 우주는 다시 수축할 수 있을 것이다.

우주의 미래에 대한 이와 같은 해석은 우주의 임계 밀도와 밀도 계수 오메가, 그리고 곡률 구조의 개념으로 이해할 수 있다. 상대성 이론에서 주어지는 현재 우주의 임계 밀도는 세제곱미터당 10^{-26}킬로그램으로, 세제곱미터당 수소 원자가 5개 정도 들어 있는 양에 해당된다. 현재 우주의 밀도가 이러한 임계 밀도보다 크다면, 우주의 밀도를 임계 밀도로 나눈 밀도 계수 오메가 값이 1보다 크고, 현재 우주의 곡률은 볼록한 닫힌 구조를 가진다. 이러한 경우를 닫힌 우주라고 하며, 현재 팽창하고 있는 우주는 우주 공간 내의 물질들에 의한 인력이 팽창 에너지를 능가하여 언젠가 점차 팽창의 속도가 줄어들다가 다시 수축을 하게 된다. 닫힌 우주의 미래에는 현재 멀어져 가는 은하들은 언젠가 다시 가까워지게 되며 별들도 결국 서로 가까워지게 될 것이며, 결국은 초기 우주의 고온 고밀도의 상태로 돌아가게 될 것이다. 이러한 현상을 '대수축' 또는 '빅 크런치' 현상이라고 한다.

현재 우주의 밀도가 임계 밀도보다 작으면, 오메가 값이 1보다 작고, 현재 우주의 곡률은 오목한 열린 구조가 될 것이다. 이러한 경우를 열린 우주라고 하며, 우주는 인력보다 팽창 에너지가 우세하여 지속적인 팽창을 하고 오목하고 열린 곡률 구조를 유지하며 시간의 역사를 지속하게 된다.

우주의 밀도가 임계 밀도와 같은 경우, 즉 밀도 계수 오메가 값이 1인 경우는 우주의 곡률 구조에 따라 편평한 우주라고 한다. 이러한 우주는 팽창 에너지와 인력이 평형을 유지하며 편평한 곡률 구조를 유지한 채 현재의 팽창의 역사를 지속한다. 편평한 우주와 열린 우주는 두 경우 모두 팽창을 지속하면서 은하와 은하 사이의 거리는 점점 멀어지고 공간의 온도는 점점 차가워질 것이다. 그러나 같은 시간 동안 팽창하는 시공간의 크기는 열린 우주가 편평한 우주에 비해 더욱 크게 나

열린 우주

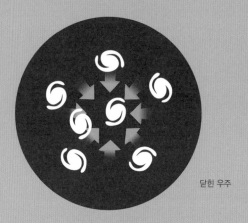

닫힌 우주

편평한 우주

타날 것이다. 또한 시간의 역사가 지속되면서, 편평한 우주와 열린 우주 공간 속에 있는 별들은 사멸과 생성을 거듭하면서 공간 속의 가스 구름들을 소진시킬 것이다. 무한한 팽창을 지속한 이 우주는 궁극적으로는 백색왜성, 중성자별, 블랙홀과 같은 별들의 최후 잔해들만이 산재해 있는 공간으로 변할 것이다.

:: 4퍼센트 우주

현대 빅뱅 우주론에서 제시하는 세 가지의 우주의 운명 가능성 중에서 어느 것이 타당한가를 알아보기 위해서는 우주 공간 속의 물질량을 측정하여 현대 빅뱅 우주론에서 이론적으로 제시하는 임계 밀도와 비교하여 오메가 값을 결정하면 된다. 우주에는 다양한 별과 성운, 성단, 은하가 있다. 이러한 천체들을 구성하는 보통의 물질들을 바리온 물질이라고 한다. 바리온 물질은 원자핵으로 구성된 물질들을 말하며, 수소의 원자핵인 양성자와 중성자를 비롯하여 모든 원자와 분자, 그리고 이들로 이루어진 모든 물질을 말한다.

바리온 물질들로 구성된 이러한 천체들을 관측하고 여러 물리적인 방법을 적용하면 이들의 질량을 유추할 수 있으며, 측정되는 공간의 크기로 나누어 바리온 물질에 의해 결정되는 우주의 밀도를 계산할 수 있다. 계산 결과 바리온 물질에 의한 우주의 밀도는 임계 밀도의 4퍼센트에 해당되며, 이는 빅뱅 우주론에서 예측하는 현재 우주의 바리온 물질량과도 일치한다. 그렇다면 우주는 밀도 계수 0.04의 오목한 곡률 구조로 무한히 팽창을 지속하는 열린 우주일 수밖에 없을까?

:: 암흑 물질

우주에는 빛을 내지 않으나 질량을 갖고 있는 암흑 물질이 존재한다. 이러한 암흑 물질은 직접적으로 빛 에너지를 내지 않기 때문에 직접적으로 관측할 수는 없지만, 빛을 내는 다른 물질들과의 중력적으로 상호 작용을 하기 때문에 간접적으로 그 존재와 질량을 유추할 수 있다. 암흑 물질이 존재한다는 증거로는 나선은하의 회전 속도, 은하단 내 은하들의 운동 속력, 중력렌즈 등이 있다.

먼저 은하의 회전 특성을 알아보자. 회전하는 중력계는 중심으로부터 거리가 멀어질수록 회전 속력이 느려진다. 이에 대한 가장 간단한 예는 태양계 행성들의 운동이다. 태양에 가장 가까이 있는 수성은 88일의 공전 주기를 갖고 초속 48킬로미터의 속력으로 태양을 공전하며, 멀리 있는 해왕성은 165년을 주기로 초속 5킬로미터의 느린 속력으로 공전한다. 지구의 경우 초속 30킬로미터의 속력으로 365일을 주기로 공전한다. 즉 태양과 멀리 떨어진 행성일수록 더 느린 속력으로 회전한다. 이것은 16세기 케플러가 관측적으로 확인했고 이로부터 뉴턴은 중력의 법칙을 이론적으로 제시했다.

그런데 회전하는 나선은하들의 경우 별들로 구성된 중력계임에도 불구하고 이와 다른 매우 특이한 현상을 나타낸다. 나선은하들이 별들로만 이루어진 보통의 중력계라면, 태양계와 유사하게 은하 중심으로부터 거리가 멀어질수록 별들의 은하 중심에 대한 공전 속력은 자연스럽게 더 느려져야 한다. 그러나 이상하게도 별들의 회전 속력은 은하 중심부로부터 거리가 멀어져도 떨어지지 않고 비슷하거나 심지어는 바깥 부분에 있는 별들의 회전 속력이 안쪽 부분에 있는 별들보다 더 큰 경우도 관측된다. 만약 태양계 행성들의 경우 이와 유사한 현상이 나타난다면 바깥쪽에 있는 행성들은 빠른 속력 때문에 태양계를 탈출하고 말 것이다. 나선은하들의 회전 속력이 은하의 바깥으로 갈수록 커짐에도 불구하고 은하의 형태가 평형을 이루는 이유는 무엇인가에 대한 해답은 암흑 물질에 있다. 즉 은하 내의 암흑 물질들이 고속 회전하는 별들과 중력적으로 상호 작용하여 별들의 원심력과 평형을 이루어 안정적인 은하의 모습을 지속적으로 유지할 수 있다고 생각할 수 있는 것이다.

암흑 물질의 간접적 증거는 은하단 내 은하들의 운동 특성에서도 나타난다. 은하단은 수백~수천 개의 은하가 중력적으로 뭉쳐 있는 것을 말한다. 은하단 내에서 은하들은 중력적 상호 작용을 하며 내부 운동을 한다. 은하들의 내부 운동 속력을 측정하여 분석하면 은하단 전체의 질량을 역학적으로 계산할 수 있다. 1930년대 츠위키는 이러한 물리적 특성에 착안하여 은하단 내 은하들의 운동 속력을 측정하고 이로부터 중력 법칙을 적용하여 은하단의 질량을 계산했다. 그런데 이 계산의 결과 새로운 사실이 밝혀졌는데, 은하단 내에서 실제 관측되는 은하들의 개수로부터 추정되는 은하단의 질량보다, 은하들의 운동 속력 측정으로부터 유추되는 은하단의 질량이 수 배 내지 수십 배 더 컸다. 이 결과로부터 츠위키는 은하단 내에는 보이지 않는 암흑 물질이 많이 존재한다는 결론을 내었다. 놀랍게도 츠위키는 현대 빅뱅 우주론이 체계를 갖추기도 전에 이미 암흑 물질의 존재를 확인하고 예측했다. 이후 은하단 내 은하들의 운동 속력 관측을 통해 이러한 암흑 물질의 존재는 모든 은하단에서 보이는 공통적인 특성으로 확인되고 있다.

:: 중력렌즈 현상

최근 천문학자들의 관측 연구에서 가장 흥미로운 현상 중의 하나는 중력렌즈 현상이다. 중력렌즈 현상은 아인슈타인의 일반 상대성 이론에서 제시된 것이며, 암흑 물질의 존재를 확인하는 가장 결정적인 증거이다. 아인슈타인은 우주의 질량체의 주변은 시공간이 휘어 있으며 이를 중력장으로 표현하고, 거대한 질량을 갖는 천체 주변을 통과하는 빛은 중력장을 지나 마치 렌즈를 통과한 빛처럼 휘어져 관측될 것을 예상했다.

아인슈타인의 일반 상대성 이론에 근거한 이러한 예측에 대하여 1919년 에딩턴은 개기일식 때 태양 근처를 스쳐 지나오는 별빛의 경

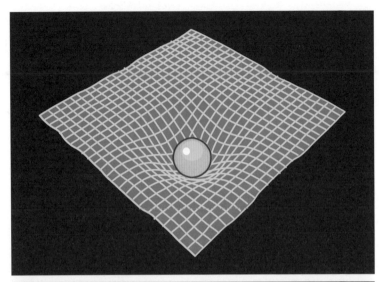

⬆ 휘어진 시공간. 질량체 주변에 시공간이 휘어 있다.
⬇ 중력렌즈 현상. 빛이 휘어 1개의 천체가 2개 이상으로 보일 수 있다.

로가 휘어져 보인다는 사실을 확인하여 중력렌즈 현상을 처음으로 관측했다. 퀘이사와 같이 우주의 먼 곳에 위치하는 천체에서 나오는 빛도 거대한 은하나 은하단을 스쳐 지나오면서 중력렌즈 현상을 경험한다. 다만 은하나 은하단의 중력장에 의해 생기는 렌즈 현상은 일반적인 렌즈처럼 빛을 한곳에 모을 수 없기 때문에, 휘어지는 빛은 한 점에 모이지 않고 여러 개의 상으로 나타날 수 있다. 중력렌즈 현상에 의해 나타나는 상의 모양에 따라, 고리 모양의 아인슈타인 링, 십자가 모양의 아인슈타인 크로스, 긴 호 모양의 거대 아크 등으로 구분된다.

중력렌즈 현상에 의해 다른 위치에서 나타나는 빛들을 천문 관측을 통해 분석해 보면 동일한 특성을 갖는 빛임을 알 수 있으며 따라서 우주의 먼 곳에서 하나의 천체로부터 오던 빛이 은하와 은하단에 의해 중력렌즈 현상을 경험한 것을 확인할 수 있다. 그리고 그 빛의 휘어진 정도를 측정하여 중력렌즈를 일으키게 하는 은하와 은하단의 역학적인 질량을 추정할 수 있다. 지금까지의 연구를 토대로 중력렌즈 현상을 관측하고 분석하여 얻은 은하단의 역학적 질량은 은하단 내 은하들 각각의 빛의 밝기를 측정하여 결정한 질량에 비해 7배 이상 더 크다는 사실을 알게 되었다. 이것은 은하단 내 은하들을 이루는 바리온 물질들에 비해 암흑 물질이 훨씬 더 많이 분포하고 있다는 것을 의미한다.

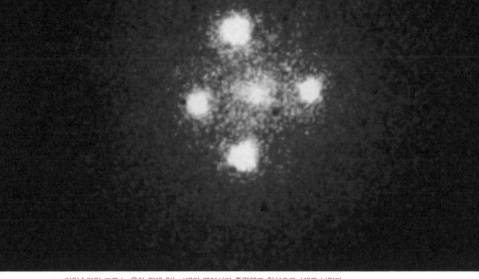

아인슈타인 크로스. 은하 뒤에 있는 1개의 퀘이사가 중력렌즈 현상으로 4개로 보인다.

:: 무한히 팽창할까?

이와 같이 은하의 회전 속력, 은하단 내 은하들의 운동 속력, 그리고 중력렌즈 현상 등의 관측과 분석을 통해 우주 공간 내에 바리온 물질이 아닌 암흑 물질이 존재하고 있다는 사실은 확인된다. 그러나 암흑물질의 정체에 대해서는 아직까지 정확하게 알려져 있지 않으며, 현대천문학이 풀어야 할 숙제로 남아 있다. 다만 암흑 물질은 우주의 초기에 형성된 질량이 매우 큰 물질로서, 바리온 물질들과의 상호 작용을잘 하지 않으며, 빛의 속도보다 훨씬 느린 속력으로 움직이는 특성을가진 윔프WIMP(Weakly Interacting Massive Particles)나 빛의 속도에 육박하는 속력을 갖는 중성미자 등과 같은 기본 입자로 생각된다. 블랙홀을 비롯한 죽은 별이나 별로 태어나지 못한 실패한 별들의 잔재, 또는 행성들도 암흑 물질의 대상으로 거론되기도 하며, 이들은 거대 고밀도 헤일로 천체의 의미를 가지고 있는 마초MACHO(Massive Compact Halo Object)라고 불린다. 천문학적 관측과 계산의 결과 현재까지 알려진 우주 공간 속의 암흑 물질의 질량에 의한 우주의 밀도는 임계 밀도의 24퍼센트, 즉 밀도 계수 오메가는 0.24에 해당된다. 따라서 바리온 물질과 암흑 물질의 밀도 계수 오메가를 합하면 0.28이 된다. 따라서 우주 공간 속에서 빛으로 확인되는 바리온 물질과, 간접적으로만 확인되는 보이지 않는 암흑 물질을 모두 합해도 우주의 밀도 계수 오메가 값은 1에 훨씬 미치지 못한다. 그렇다면 암흑 물질을 감안하더라도 여전히 우주는 오목한 곡률 구조를 가지고 무한히 팽창을 지속할 수밖에 없는 열린 우주일까?

급팽창 이론을 감안한 현대 빅뱅 우주론은 우주는 형성 초기에 급격한 팽창을 경험하고 그 이후 시간의 역사를 통해 지금까지 팽창해 오고 있으며, 미래는 우주의 밀도에 따라 수축 또는 팽창한다는 것이다. 그런데 급팽창 이후 지금까지 지속적으로 팽창해 오고 있는 우주는 우주 내 물질들의 인력에 의해 그 팽창 속력은 시간에 따라 점차 감속한다고 생각했다. 그러나 1992년 천문학자 펄이 우주가 가속적으로 팽창해 오고 있다는 사실을 처음으로 제기했고, 이후 천문학자들은 먼 거리 은하들 내의 1a형 초신성 관측을 통해 우주가 가속적으로 팽창해 오고 있음을 확인했다. 우주의 가속 팽창 현상은 우주의 미래에 대한 예측도 크게 바꾼다. 가속 팽창하고 있는 우주의 미래는 열린 우주에서 계산되는 것보다 훨씬 빠른 속력으로 시공간의 팽창을 이어가며, 궁극적으로 우주 내 물질들에 의한 인력이 팽창을 이기지 못하고 우주 자체가 중력적으로 찢어지고 마는 빅립Big Rip 현상이 일어나게 될 것으로 예측된다.

:: 초신성으로 알 수 있는 우주 가속 팽창

초신성의 관측으로부터 우주의 가속 팽창을 어떻게 알 수 있는가에 대한 의문을 풀기 위해 초신성의 특성을 알아보자. 초신성은 별의 일생에서 마지막 단계로 거대한 폭발을 일으키면서 죽어가는 별들을 말한다. 초신성은 폭발하는 형태와 발산하는 빛의 특성에 따라 여러 형태로 나누어지는데, 그중에서 1a형으로 분류되는 초신성은 매우 독특한 특성을 가지며, 이는 백색왜성의 폭발이라는 특별한 현상과 관련이 있다. 하나의 별이 내부 핵융합 과정을 끝내면 폭발성 팽창을 통해 외곽부 물질들은 우주 공간으로 흩어져 나가고 중심부 물질들은 강력한 수축을 통해 백색왜성이 만들어질 수 있다. 강력한 수축으로 형성된 백색왜성은 물질의 밀도가 매우 높으며 이로부터 생기는 압력으로 별 자체의 중력을 견디며 평형 상태를 유지한다.

그런데 물리적 계산에 의하면 이 백색왜성의 질량은 태양의 1.44

배를 넘을 수 없다. 만약 이보다 약간이라도 더 무거운 질량을 갖게 되면, 백색왜성은 자체 중력에 의한 수축이 일어나고 이때 생기는 열 에너지에 의해 핵융합이 일어나면서 엄청난 초신성 폭발 현상이 생긴다. 1933년 찬드라세카르는 이와 같은 결과를 포함한 별의 최후에 대한 연구 내용을 발표하고 1983년 파울러와 함께 무거운 별의 후기 진화 단계에 대한 이론을 만든 공로로 노벨 물리학상을 받았다. 질량이 태양보다 1.44배만큼 큰 하나의 백색왜성이 또 다른 별과 함께 짝을 이루는 쌍성을 생각해 보자. 짝을 이룬 하나의 다른 별이 적색거성이라는 큰 별로 진화하면 이 별의 물질들이 두 별이 이루는 중력장을 따라 백색왜성으로 유입될 수 있다. 이 과정을 통해 태양보다 1.44배만큼 무거운 백색왜성에 외부의 질량이 더해지면 백색왜성은 더 이상 자체 중력을 이기지 못하고 초신성으로 폭발하게 되는데, 이러한 경우를 1a형 초신성이라고 한다.

1a형 초신성은 폭발 2~3주 후에 최대로 밝아지는데, 이때 밝기는 1등성 별보다 1억 배 정도 밝다. 이러한 1a형 초신성은 우주 공간을 채우고 있는 수많은 은하 안에서 수시로 나타나며, 매우 짧은 시간에 엄청나게 밝게 관측되기 때문에 100억 광년 떨어져 있는 은하도 직접 관측할 수 있다. 먼 거리에 떨어져 있는 은하들 내의 1a형 초신성들의 밝기를 확인하면 각 은하들의 거리를 직접 측정할 수 있는 것은 물론이고, 빛의 스펙트럼선을 확인하고 분석하면 각 은하들의 운동 속력을

측정할 수 있다.

:: 암흑 에너지

1998년 펄머터, 슈밋, 리스, 세 천문학자는 멀리 떨어져 있는 은하들 안에 속해 있는 1a형 초신성들을 관측하여 우주의 먼 거리에 있는 은하들의 거리와 운동 속력을 측정하고 이를 분석하여 우주가 가속적으로 팽창해 오고 있음을 확인했다. 이 사실은 급팽창 이론을 포함하는 현대 빅뱅 우주론에 엄청난 충격을 안겨 주었다. 팽창을 지속해 오고 있는 자체가 우주 내 물질들에 의한 인력을 충분히 이기고 가속적으로 팽창을 한다면, 이러한 가속 현상을 생기게 하는 새로운 에너지의 원천이 무엇인가에 대한 해답을 기존의 빅뱅 우주론은 주지 못하고 있기 때문이다. 이러한 원인 모를 가속 팽창 에너지를 암흑 에너지라고 부르며, 이것의 물리적 정체를 밝히는 것은 21세기 현대 과학의 최대 난제로 떠올랐다. 우주의 가속 팽창을 초신성 관측으로부터 확인한 펄머터를 비롯한 세 명의 천문학자들은 2011년 노벨 물리학상을 받았다.

그들은 우주의 가속 팽창을 정확하게 측정해 암흑 에너지의 양을 계산했다. 그리고 그 에너지를 질량으로 환산하여 우주 밀도를 추정했는데, 임계 밀도의 72퍼센트에 해당되었다. 즉 암흑 에너지의 밀도 계수 오메가가 0.72로 확인된 것이다. 그렇다면 바리온 물질, 암흑 물질, 그리고 암흑 에너지로부터 계산되는 우주의 밀도 계수 오메가의 합은 정확하게 1이 된다. 이는 우주의 밀도 계수가 급팽창 과정을 통해 1이 된다는 사실과 일치한다.

그러나 이와 같은 사실에서 현대 빅뱅 우주론의 커다란 모순이 제기되고야 만다. 빅뱅 우주론은 우주의 밀도 계수 오메가가 1이면, 우주는 편평한 곡률 구조를 가지며, 편평한 곡률 구조를 가지고 지속 팽창할 것으로 예상한다. 그런데 팽창의 모습이 전혀 다른 가속 팽창 현상이 관측적으로 확인되고 있는 것이다. 논리적으로 맞지 않는 모순이다.

한편 아인슈타인은 1919년 일반 상대성 이론을 제시하면서 우주가 팽창 또는 수축할 수 있다는 결론을 내었음에도 불구하고, 당시의 정적인 우주관을 반영하여 이를 상쇄하는 우주 상수를 자신의 이론에 도입했다. 그러나 1929년 허블이 관측한 팽창하는 우주 현상을 확인하고 이 우주 상수를 자신의 일생일대의 실수라고 말하며 버린 적이 있다. 그런데 바로 이 우주 상수가 어쩌면 암흑 에너지의 모든 정보를 담고 있을지도 모른다는 주장이 제시되고 있다. 팽창하는 우주의 이론에 임의로 더해진 우주 상수, 곧바로 팽창하는 우주에 더해진 가속 팽창 현상과 직결되기 때문이다. 우주의 미래는 아직까지 수수께끼로 남아 있다.

12

환상의 맛 우주 레시피

우주 137억 년의 생애

현재까지 우주는 가속 팽창하고 있다. 미래의 우주는 재수축할까? 팽창을 지속할까?

팽창을 지속한다면 어떤 형태로 팽창할까?

:: 풀지 못한 숙제

1900년대 초 팽창하는 우주를 발견하면서 제시된 상대론적 빅뱅 우주론은 수많은 관측적 발견과 이론적 해석을 통해 현대 표준 우주론으로 자리매김해 왔다.

우주는 137억 년 전 빅뱅이라는 특별한 현상을 통해 시작되었고, 급팽창 현상을 경험하면서 팽창하는 우주의 현재 구조를 만들어 나갈 준비를 했다. 초기의 고온 고밀도의 시공간에서 물질을 구성하는 기본 입자들이 탄생하고, 팽창이 진행됨에 따라 빛이 물질로부터 분리되면서 우주 배경 복사를 이루었다.

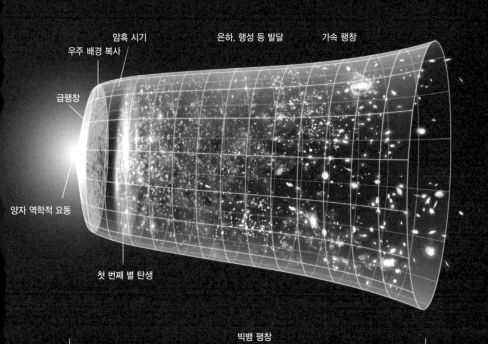

우주 배경 복사

암흑 시기

은하, 행성 등 발달

가속 팽창

급팽창

양자 역학적 요동

첫 번째 별 탄생

빅뱅 팽창
137억 년

충분한 시간 동안 팽창하며 차가워진 우주 공간 속에서 처음으로 1세대의 별과 은하들이 탄생하고 시간이 지남에 따라 별들의 사멸이 진행되며 또한 2세대, 3세대의 별들이 만들어진다. 이 과정을 통해 우주의 중원소 함량은 차츰 증가하며, 어느 시점에서 태양과 지구가 탄생했다.

현재까지 우주는 팽창하고 있고 그 속력은 가속적이다. 미래의 우주가 재수축할 것인지 팽창을 지속할 것인지, 팽창을 지속한다면 어떤 형태로 팽창할 것인지는 아직 풀지 못한 숙제이다. 이러한 우주 시간의 역사 시나리오를 현대 빅뱅 우주론에 근거하여 조금 더 종합적으로 알아보자.

:: 빅뱅 이전

빅뱅 이전의 상태의 시공간에 대하여 현재의 우주에서는 어떠한 정보도 얻을 수 없다. 과학의 입장에서는 정보의 교환이 불가능한 공간은 관심의 대상이 아닌 영역으로서 존재하지 않은 영역이다. 다만, 수학적 추측과 철학적 사고가 제외될 수는 없는 영역이다. 빅뱅의 순간, 즉 우주의 시간 0초의 시점에 무無의 상태에서 우주의 시간과 공간 그리고 물질과 에너지가 창조된다. 그러나 물리학적으로 이러한 상태는 양자 역학적 불확정성 원리에 입각한 진공의 상태로 이해될 수 있으며, 시간적으로 10^{-43}초 이전, 즉 플랑크 시간 이전의 상태를 말한다.

불확정성 원리는 하이젠베르크가 주장한 양자 역학의 기초 이론이다. 불확정성 원리에 따르면 운동하는 물체의 운동량 또는 속력과 위치를 동시에 정확하게 측정할 수 없으며 이 두 가지의 물리량은 각각 최소한의 불확실성을 가지고 있다는 것이다. 이와 유사하게 에너지와 시간도 상호간의 불확실성이 존재한다. 이는 플랑크 시간 동안 시간의 불확실도에 해당하는 진공의 에너지가 존재할 수 있음을 의미하며 이러한 에너지가 수없이 양자 역학적인 생성과 소멸을 반복한다.

이와 같은 원시 시공간은 높은 에너지 벽에 갇혀 있는 상태이지만, 양자 역학적으로 이러한 에너지 벽을 뚫고 나올 확률이 0은 아니다. 아주 작은 확률이었지만, 우연한 어떤 순간에 원시 시공간이 에너지 벽을 뚫고 나오는 우주론적 터널 효과를 통해 막대한 에너지가 순간적으로 나오며, 이 에너지는 우주 공간을 급격히 팽창시키며 시공간이 확장되어 간다. 바로 이 순간이 팽창하는 우주의 탄생이며 빅뱅의 시작인 것이다.

플랑크 시간 동안의 우주는 절대온도 약 10^{33}도, 그리고 밀도는 세제곱센티미터당 10^{90}킬로그램의 초고온 초고압의 상태이며, 우주 물질들에 작용하는 힘들은 본질적으로 하나로 통일되어 있다. 그리고 이 시기의 원시 우주의 크기는 약 10^{-33}센티미터, 즉 플랑크 길이에 해당한다.

:: 찰나의 순간

빅뱅 이후 플랑크 시간을 지난 10^{-43}초에서 10^{-34}초에 이르는 기간을 대통일 이론 시대Grand Unification Theory Era라고 한다. 이때의 온도는 약 10^{27}도, 우주의 크기는 현재의 10^{27}분의 1 정도에 해당된다. 약력, 강력, 전자기력은 하나의 대통일력으로 통합되어 있어 본질적으로 동일한 하나의 힘대통일력으로 존재하며, 중력은 이러한 대통일력으로부터 분리되는 것으로 여겨진다.

이때는 광자는 물론 어떠한 물질 입자도 따로 존재할 수 없는 상태이다. 10^{-35}초에서 10^{-32}초의 매우 짧은 기간에 우주는 급팽창이 일어난다. 이 과정에서 우주의 크기는 매 10^{-38}초마다 약 2배씩 팽창하여 10^{301}배 이상 급격히 커진다. 이때 강력이 분리되면서 최초의 입자들이 만들어지며, 자기성을 가진 자기 단극 소립자가 대량으로 만들어진다. 급팽창을 통해 우주의 밀도 계수 오메가가 1로 맞추어지면서 우주 시공간은 편평한 곡률 구조의 형태를 띤다. 급팽창과 함께 빛보다 빠른 속력으로 팽창한 우주 시공간은 현재 관측되는 우주의 지평선보다 적어도 100배 바깥 영역에 이르는 우주의 지평선을 이루게 되어, 현재의 등방적이고 균일한 우주가 된다.

한편 최초의 힉스 입자는 1964년 힉스가 예측했다. 2012년 7월 4일 유럽입자물리연구소CERN에서 대형 강입자 가속기 실험으로 힉스 유사 입자를 발견했다고 발표했고, 2013년 3월 14일 힉스 입자의 발견

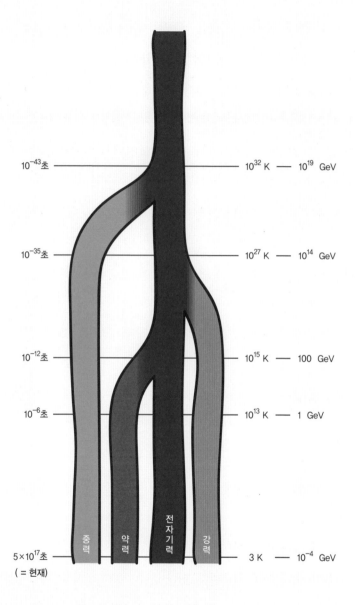

10^{-43}초	10^{32} K — 10^{19} GeV	
10^{-35}초	10^{27} K — 10^{14} GeV	
10^{-12}초	10^{15} K — 100 GeV	
10^{-6}초	10^{13} K — 1 GeV	
5×10^{17}초	3 K — 10^{-4} GeV	
(= 현재)		

중력 약력 전자기력 강력

짧은 순간 한 가지 힘이 중력, 약력, 전자기력, 강력으로 분리되었다.

을 공식적으로 확인했다. 힉스 입자를 예측한 공로로 힉스는 앙글레르와 함께 2013년 노벨 물리학상을 받았다.

급팽창이 일어난 후 10^{-4}초까지 쿼크 시기와 무거운 입자 시기가 이어진다. 이 시기 동안 전자기력과 약력이 분리되어 네 개의 기본 힘들이 독립적으로 나누어지며, 고에너지 빛의 작용에 의해 물질의 기본 입자인 쿼크가 서로 결합하여 무거운 핵자, 즉 양성자와 중성자가 생성된다.

무거운 입자 시기를 지나 우주의 나이 10초 정도에 이르는 기간을 가벼운 입자 시기라고 하며 온도는 약 100억 도에 해당되고, 이때 전자들이 생성된다.

가벼운 입자 시기를 지나 우주의 나이 3분에 이르는 동안을 핵합성 시기라고 하며, 이 시기 동안 전 우주 공간에서 양성자와 중성자의 핵융합으로 헬륨 원자핵이 합성된다. 이때까지 생성된 수소 원자의 핵인 양성자와 헬륨 원자의 핵인 알파 입자의 비율은 각각 76퍼센트와 24퍼센트 정도에 해당되며, 이것은 우주에서 발견되는 수소와 헬륨양의 비와 일치한다.

:: 빛과 물질이 분리되다

빅뱅 이후 3분이 지나면서 38만 년에 이르기까지 우주의 팽창이 지속되면서 시공간의 크기가 증가하고 우주의 온도는 100억 도에서

3,000도까지 내려간다. 우주 공간에서의 입자의 밀도가 감소하고 입자들의 움직임도 점점 느려지게 된다. 무거운 원자핵들이 가벼운 전자들과 결합하면서 수소 원자와 헬륨 원자들을 형성하면서, 공간의 밀도는 절반으로 급격히 떨어진다. 이러한 상황을 의미하여 이 시기를 재결합 시기라고 한다. 이때 그동안 입자들과 함께 섞여 있던 빛들은 분리되어 우주 공간으로 자유롭게 퍼져 나가며 우주는 빛과 물질이 분리된 투명한 상태가 된다. 이러한 상황을 일컬어 이 시기를 분리 시기라고도 한다.

물질로부터 분리되어 우주 공간으로 나온 빛은 이후 우주의 팽창과 함께 파장이 점점 길어지며, 현재의 우주 배경 복사로 관측된다. 우주가 빅뱅으로 만들어지고 분리 시기에 오기까지 우주의 팽창에 의한 시공간의 물리적 특성들은 대부분 광자, 즉 빛에 의해 일어나는 변화에 따라 결정된다. 따라서 이 시기를 통틀어 빛 우세 시기라고 한다. 이후의 우주 전체의 시간의 역사는 물질 우세 시기이다. 즉 우주의 나이 38만 년 이후에는 빛은 우주의 팽창과 더불어 에너지를 잃어 가고 온도 자체도 낮아지며, 대신 빛이 분리된 물질들에 의한 중력적 효과가 우주 시간의 역사를 담당하는 주역이 된다.

:: 암흑 시기

우주의 나이 38만 년에 해당하는 분리 시기 이후 10억 년에 이르기까지, 우주는 수소 원자와 헬륨 원자들, 그리고 우주 배경 복사를 이루는 빛들을 포함한 채 팽창을 지속해 나가며, 아직까지 별들을 만들어 내지 못하므로 이 시기를 암흑 시기라고 한다.

우주 배경 복사 빛들은 모든 방향의 특성이 동일한 등방성을 나타내지만, 급팽창 당시의 작은 요동 효과에 의해 10만분의 1도에 해당하는 미세 변이가 있다. 이러한 미세 변이는 공간 밀도의 미세한 차이를 의미하며, 중력의 작용에 의해 시간이 지남에 따라 밀도의 차이는 점점 커진다. 이때 공간 밀도를 형성하는 주요 물질의 정체가 바로 암흑 물질로 추정된다.

밀도가 높아진 지역으로 수소 원자와 헬륨 원자로 이루어진 물질들이 모여들고 뭉쳐진 물질들의 중심부에서 핵융합이 일어날 수 있는 온도와 압력의 조건이 갖추어진다. 암흑 물질의 중력에 묶인 거대한 이러한 원시 구름에서 드디어 최초의 별, 퀘이사, 은하가 만들어지는 것이다. 이때 우주의 나이는 빅뱅 이후 10억 년이 된 상태이다. 당시 우주의 전역에서 생겨났을 최초의 별들은 수소와 헬륨 원자로만 이루어져 있으며 태양보다 100배 이상 큰 거대한 별들이었을 것으로 추정된다. 이러한 별들은 내부 핵융합이 급격히 진행되어 수백만 년 이내에 초신성 폭발 현상을 경험하며 사라졌을 것이다. 이때 최초의 별들에서 형성된 중원소들이 우주 공간으로 흩어져 나가고, 이러한 중원소들이 섞인 우주 공간에서 또 다시 새로운 별들이 형성된다. 우주 공간 속에서 새롭게 탄생한 별들은 내부 핵융합을 통해 스스로 만든 빛을 우주 공간에 내보내면서 암흑 시기를 마감한다.

최초의 별들과 초기의 별들을 포함하는 은하들은 암흑 시기 동안 공간 밀도가 높은 지역들에 분포했을 것이다. 우주 공간에 흩어져 있는 은하들의 공간 분포, 즉 우주 거대 구조를 오늘날 확인해 보면 필라멘트, 은하단, 보이드 등으로 구성된 거대한 그물 구조의 형태를 보이는데, 이는 최초의 은하들이 탄생한 시점의 우주의 물질 분포 구조를 반영하고 있다.

:: 10억~65억 년

우주의 나이가 10억 년이 지난 후, 우주는 지속적으로 팽창해 가되 시간에 따르는 팽창의 속도는 65억 년의 나이에 이르기까지 점차 감소한다. 감속 팽창하는 우주에서도 은하 내에서 별들은 새로운 탄생과 사멸을 반복하며 2세대, 3세대의 별들의 사멸 과정을 통해 우주 내의 중원소량은 점차 증가한다. 초기의 은하들은 나이가 젊은 푸른빛의 별들로 구성되고, 시간이 지남에 따라 나이가 많은 붉은빛의 별들이 은하 속에 점차 많아지게 된다.

65억 년의 시간이 지나면서 정체를 알 수 없는 암흑 에너지가 우주의 팽창에 간여하게 되고 팽창 속도가 가속된다. 가속 팽창하는 우주 속에서 우주의 나이가 약 90억 년이 되는 시점에 우주의 수많은 은하

중 우리은하 안에서 3세대 또는 4세대 별로 여겨지는 태양이 형성되고 곧이어 지구를 비롯한 태양계가 형성된다.

137억 년의 나이를 갖는 현재의 우주는 지금도 팽창하고 있으며, 팽창 속도는 점점 가속적으로 빨라지고 있다.

:: 우주의 운명

현재 이후 우주의 미래는 팽창을 당분간 지속하다가 우주의 밀도 계수에 따라 그 운명이 나누어진다.

우주의 밀도가 임계 밀도보다 커서 오메가가 1보다 크면 볼록한 곡률 구조를 갖는 닫힌 우주는 재수축할 것이다. 재수축 과정 속에서 은하와 별들은 가까워지고 결국은 초기 우주의 고온 고밀도 상태로 되돌아간다. 이런 과정을 대수축 또는 빅 크런치라고 한다.

우주의 밀도가 임계 밀도보다 작고 밀도 계수 오메가가 1보다 작으면 우주는 오목한 열린 곡률 구조를 갖고 대결빙의 과정을 겪는다. 우주의 나이 10^{14}년, 즉 100조 년이 되면 별의 탄생과 사멸 과정을 통해 수소가 모두 사라지고 더 이상의 별이 형성되지 않는다. 10^{19}년이 되면 은하도 붕괴한다. 10^{40}년이 지나면 블랙홀만이 우주 공간에 남아 있다. 10^{100}년이 지나면 거대 질량을 갖는 블랙홀마저도 소멸한다. 결국 우주는 절대온도 0도에 접근하고 어떠한 상호 작용도 일어나지 않는 대결빙 상태의 종말을 맞는다.

한편 현재와 같이 암흑 에너지에 의한 우주의 가속 팽창이 지속되는 경우 우주는 궁극적으로 모든 물질과 우주 그 자체마저도 중력적으로 해체되고 마는 대소멸, 즉 빅립의 결말에 이른다.

우주의 역사를 1년 달력에 표시한다면

빅뱅 이후 현재까지 약 137억 년의 우주 역사를 1년 달력에 표시해 보면, 인간의 역사가 우주의 역사에 비해 얼마나 짧은지 알 수 있다. 1월 1일 0시에 우주가 생겨나고, 12월 31일이 되어서야 인류가 출현한다.

1월	2월	3월	4월	5월	6월	7월	8월	9월	10월	11월
빅뱅		은하 형성					태양, 지구 형성	최초의 세포 출현		최초의 다세포 생물 출현

12월

1	2	3	4	5	6	7
지구에 산소를 포함한 대기 형성						

8	9	10	11	12	13	14

15	16	17	18	19	20	21
캄브리아 폭발	눈덩이 지구 (빙하기)	최초의 척추동물 출현			최초의 네발 동물 출현	곤충 출현 후 번성

22	23	24	25	26	27	28
		공룡 출현	최초의 포유류 출현	판게아 형성	조류 출현	

29	30	31
공룡 멸망		10시 15분 유인원 출현 21시 24분 인간 직립 보행 22시 48분 호모에렉투스 23시 59분 50초 거대 피라미드 건축 23시 59분 59초… 현재

13

사랑스러운 맛 행성

지구의 가족 태양계

사랑스러운 맛

태양은 태양계 안에 있는 유일한 별이다.

우주가 형성된 이후 약 90억 년이 지나서 탄생했으며,

핵융합으로 빛 에너지를 발산하고 있다.

:: 지구의 가족 태양계

밤하늘에는 수많은 별들이 반짝이고 있지만, 대부분의 별들은 너무 멀리 떨어져 있기 때문에 아무리 큰 망원경으로 확대해서 보더라도 하나의 점으로 나타날 뿐이다. 그러나 우리 태양계에 속해 있는 가까운 천체들, 즉 태양과 달, 행성, 혜성, 소행성 등은 그 형태를 직접 눈으로 확인할 수 있다. 대형 첨단 망원경이 아닌 소형 망원경으로도 누구나 태양과 달의 표면, 그리고 행성과 혜성들의 형태와 구조를 얼마든지 관찰할 수 있으며, 우주의 아름다움과 신비로움을 충분히 느끼며 감동을 만끽할 수 있다.

태양계는 우주에서 아주 작은 일부분에 불과하다. 그러나 우리와 가까운 태양계 천체들을 관찰하고 이해하면 드넓은 우주를 더욱 잘 알 수 있을 것이다. 우주에서 우리와 가장 가까운 가족인 태양과 태양계를 알아보자.

태양계는 막대나선은하인 우리은하의 중심부로부터 약 3만 광년 떨어진 은하의 나선팔 부분에 위치하고 있다. 태양계의 구성은 태양과 수성, 금성, 지구, 화성, 목성, 토성, 천왕성, 해왕성의 8개의 행성, 세레스, 명왕성, 에리스 등의 왜소 행성, 각 행성들 주위를 돌고 있는 위성, 그리고 소행성, 혜성 등으로 이루어져 있다. 태양계 질량 중 약 99.9퍼센트를 태양이 차지하고 있으며, 행성들은 태양계 전 질량의 1,000분의 1에 불과하다. 그 외 나머지 위성, 소행성, 혜성 등의 구성원들은 모두 합해도 1만분의 1 정도밖에 되지 않는다.

태양계의 크기는 얼마나 될까? 태양으로부터 태양계의 마지막 행성인 해왕성까지의 거리는 약 46억 킬로미터에 해당된다. 단주기 혜성의 근원지로 알려져 있는 카이퍼 벨트는 해왕성에서부터 약 1,000천문단위, 즉 약 1,500억 킬로미터 이상에 퍼져 있다. 장주기 혜성의 출발지로 여겨지는 오르트 구름까지 확장하여 생각하면 태양계 크기의 반지름은 10만 천문단위, 빛의 속력으로 약 1.6년 가야 하는 1.6광년 정도 된다.

:: 태양의 탄생

우주가 형성된 이후 약 90억 년이 지난 시점, 즉 지금으로부터 약 50억 년 전 태양이 탄생했으며, 태양은 지금까지 내부의 핵융합에 의해 빛 에너지를 발산하고 있다는 사실은 잘 알려져 있다. 그러나 행성을 포함한 태양계 자체의 형성 기원에 대해서는 여러 가지 학설이 제시되어 왔다.

그중에서 태양계 형성에 관한 대표적인 학설은 '성운설'로, 1755년 독일의 철학자 칸트가 주장한 학설을 1796년 라플라스가 수정한 것이다. 성운설에 따르면 원시 태양계는 천천히 자전하는 고온의 거대한 가스 덩어리에서 시작한다. 이 가스 덩어리는 점차 냉각되면서 중력에 의해 중심 방향으로 수축하고, 수축함으로써 자전이 빨라지면서 원심력이 강하게 작용하여 적도부에서 물질을 원반 모양으로 방출했다. 다시 남은 물질이 중심부로 계속 수축하고 또 원반 모양으로 물질을 방출했다. 이러한 과정을 몇 번 반복하면서 여러 개의 고리가 생겨났다. 마지막에 남은 수축된 가스 덩어리가 태양이 되고, 떨어져 나간 고리 모양의 가스 덩어리들이 자체적으로 수축하여 행성들을 만들며, 같은 방법으로 원시 행성들 주변의 조그만 고리들이 형성되면서 위성이 만들어졌다는 것이다. 태양계 형성에 대한 이와 같은 성운설은 행성과 위성의 형성을 잘 설명하고 있지만, 고리에서의 행성 형성 원리와, 태양의 느린 자전 현상 등을 물리적으로 설명할 수 없다는 문제점을 안고 있다.

이러한 문제점을 해결하기 위해 1900년대 초 챔벌린과 몰튼 등은 태양과 다른 별의 충돌로 태양계가 형성되었다는 소행성설을 주장했다. 초기의 태양 주위는 비어 있었으나 어느 시기에 한 별을 지나치면서 그 인력의 영향을 받아 물질을 분출하고, 이 물질은 분출된 후에 미립자, 즉 소행성의 형태로 냉각되고 굳어져 태양 주위를 돌다가 서로 뭉쳐져 행성이 됐다는 가설이다. 그러나 이 학설도 역학적으로 미립자들이 태양 근처에 안정적으로 존재할 수 없다는 물리적 문제점을 안고 있다.

태양계의 각운동량 문제를 보완하기 위해 1918년에는 진스와 제프리는 태양 주위의 다른 별의 중력에 의해 물질들이 끌려나오고 각운동량도 밀려나가게 되었다는 태양계 형성에 대해 조석설을 제기하기도 했다. 그러나 행성의 형성과 각운동량 문제를 완벽하게 해결할 수는 없었다. 이후에도 태양계 형성에 대한 다양한 학설들이 제시되었지만, 태양계의 다양한 물리적 특성들을 만족스럽게 설명하는 이론은 아직까지 정립되지 않았다.

: : 생명의 근원, 태양

태양은 태양계에 있는 모든 천체, 그리고 우리를 포함한 지구의 생명체의 근원이다. 태양은 태양계 내에서 스스로 빛을 내는 유일한 천

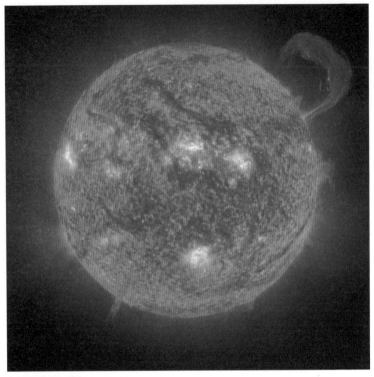

스스로 빛을 내는 태양

체로서, 우리가 사용하는 모든 에너지는 그 근원이 태양으로부터 받
은 에너지이며, 태양계의 전 가족이 태양 에너지를 받아 제 모습을 유
지하고 있다. 태양의 질량은 1.99×10^{30}킬로그램으로 지구 질량의 33
만 배에 이르며 모든 행성들을 합쳐 놓은 질량의 750배 이상이다. 태
양 중심부의 온도는 절대온도 약 1,500만 도의 초고온 상태이며, 표면
온도는 약 6,000도이다. 지름은 약 139만 킬로미터로 지구 지름의 약

109배에 해당되고, 부피는 지구 부피의 130만 배나 된다. 태양의 밀도는 세제곱센티미터당 1.41그램이다. 또한 태양의 적도 자전 주기는 약 27일이고 북위 30도는 약 28일로 위도가 높을수록 자전 속도가 느려지는 자전 주기를 가지고 있다.

우리가 보는 태양의 표면을 광구라고 한다. 광구는 쌀알을 뿌려 놓은 것과 비슷한 모습으로 나타나는데, 이는 광구 아래 태양 내부의 대류 지역에서 기체 거품이 상승하거나 하강하는 운동 때문에 나타난다. 광구 표면에는 흑점이 나타나기도 한다. 광구의 한 지점에 강한 자기장이 생기게 되면 대류가 잘 일어나지 않게 되어 표면 온도가 약 4,000도까지 떨어지게 되고, 상대적으로 주변보다 어둡게 보이게 되는데, 이것이 흑점이다. 흑점의 수는 약 11년을 주기로 증감하는 특성을 보인다. 광구를 둘러싸고 있는 대기 중에서 하층 대기를 채층, 상층 대기를 코로나라고 한다. 채층은 온도가 1만 도 정도 되는데 이곳에서는 뜨거운 가스가 태양 표면으로부터 1만 킬로미터 이상의 높이까지 치솟는 홍염 현상이 나타나기도 한다. 채층 밖에 있는 코로나는 100만~200만 도에 이르는 초고온의 이온화된 기체층으로서, 밀도는 매우 희박하며 강한 전파와 엑스선을 방출한다. 코로나의 형태와 크기는 일정하지 않으며 흑점과 많은 연관성이 있다. 흑점이 최소일 때 코로나의 크기는 작고, 최대일 때는 크고 밝으며 매우 복잡한 구조를 가진다.

: : 내행성 수성

수성은 태양과 가장 가까운 행성이다. 수성은 이심률이 매우 큰 타원 궤도로 태양을 공전하고 있는데, 태양에 가장 근접하는 근일점이 약 4,600만 킬로미터이며, 태양으로부터 가장 멀리 떨어지는 원일점은 약 7,000만 킬로미터이다. 공전 주기는 약 88일로 매우 짧지만, 자전 주기는 약 59일로 매우 느리다. 수성은 지구 궤도보다 더 안쪽에 위치하는 내행성으로 지구에서 볼 때 태양으로부터 일정한 각도 이상 떨어지지 않는데, 그 최대 이각이 22도에 불과하다. 따라서 지구에서 볼

태양과 가장 가까운 행성. 수성

때 수성은 언제나 태양 가까이에 붙어 있고 관측하기가 쉽지 않다.

수성은 해가 진 직후 서쪽 하늘과 해가 뜨기 직전 동쪽 하늘에서만 볼 수가 있다. 그리고 망원경으로 수성을 보면 달과 같이 그 위상이 변하는 것을 알 수 있다. 수성의 평균 표면 온도는 섭씨 약 179도이며, 섭씨 −183~427도로 온도 변화가 매우 심하다. 표면은 달 표면과 흡사하며 운석 충돌에 의해 형성된 많은 크레이터들이 나타난다. 수성에는 대기가 거의 존재하지 않고 매우 가벼운 가스층이 있으며, 수소, 헬륨, 나트륨, 칼륨, 칼슘 등의 원자가 포함되어 있다.

:: 해가 서쪽에서 뜨는 금성

금성은 해 뜨기 전 동쪽 하늘이나 해 진 후 서쪽 하늘에서 보이는 매우 밝은 행성으로 태양과 달을 제외하면 하늘에서 가장 밝은 천체이다. 금성은 태양으로부터 약 1억 820만 킬로미터 떨어져 있다. 수성과 마찬가지로 내행성이고, 최대 이각이 46도이므로 수성보다는 관측하기가 용이하며 위상 변화도 더욱 두드러지게 나타난다. 금성의 궤도는 다른 행성들의 궤도에 비해 가장 원에 가깝다.

공전 주기는 약 225일이며, 자전 주기는 약 243일이다. 공전 주기와 자전 주기가 비슷하여, 금성에서의 하루는 지구의 시간으로 117일이 된다. 금성은 대부분의 행성들과 다르게 반대 방향으로, 즉 지구의 북극에서 바라볼 때 시계 방향으로 자전한다. 따라서 금성에서는 해가

자외선으로 본 금성의 대기

서쪽에서 떠서 동쪽으로 진다. 금성이 왜 다른 행성들과 다른 방향으로 자전하는지는 아직까지 알려지지 않았다.

금성의 대기는 두꺼운 이산화탄소로 덮여 있기 때문에 망원경으로는 표면을 볼 수 없다. 대기의 96.5퍼센트를 이산화탄소가, 나머지 3.5퍼센트는 대부분 질소가 차지한다. 극심한 온실효과가 나타나서 표면 온도는 섭씨 480도에 이른다.

:: 지구의 유일한 위성, 달

달은 지구와 약 38만 4,400킬로미터 떨어져 있는 지구의 유일한 위

달에는 수많은 크레이터가 있다.

성이다. 달은 자전 주기와 공전 주기가 약 27.3일로 거의 같아서 지구에서는 달의 한쪽 면만 볼 수 있다. 뒷면은 1959년 10월에 루나 3호가 최초로 촬영했다. 달의 평균 지름은 지구의 약 4분의 1인 3,474킬로미터이다. 달의 질량은 7.3×10^{22}킬로그램으로 지구의 81분의 1 정도이며, 표면에서의 중력은 지구 중력에 비해 6분의 1에 불과하다. 달은 중력이 매우 약하기 때문에 대기를 유지할 수 없어, 현재 대기가 거의 없다.

달의 겉보기 지형은 어두운 바다 부분과 밝은 대륙 부분으로 나누어진다. 달 표면의 약 35퍼센트를 차지하는 바다 부분은 실제로 물이 있는 바다는 아니며, 현무암질의 용암이 흘러나와 생긴 것으로 알려져 있다. 대륙 부분은 작은 돌들이 모인 암석으로 구성되어 있으며, 주로 칼슘과 알루미늄이 많이 함유되어 있는 사장석으로 이루어져 상대적으로 밝아 보인다. 달에는 대기가 거의 없기 때문에 운석이 그대로 월면에 충돌하여 크레이터를 만든다. 또한 물이나 바람에 의한 침식과 지각 변동도 없어서 수많은 크레이터가 그대로 남아 있다.

:: 지구와 닮은 화성

화성은 유난히 붉게 보이는 행성으로, 태양으로부터 평균 거리 약 2억 2,800만 킬로미터 떨어져 있다. 근일점과 원일점의 거리 차이가 약 4,200만 킬로미터 되는 비교적 뚜렷한 타원 궤도로 운동하고 있다.

화성의 자전 주기는 약 24시간 37분으로 지구와 거의 비슷하다. 자전축 또한 약 25도 기울어진 것이 지구와 비슷하다. 그리고 공전 주기는 지구의 약 2배인 687일이기 때문에 지구보다 2배 정도 긴 계절의 변화가 생길 것이다. 화성은 지구 반지름의 약 2분의 1, 지구 질량의 약 10분의 1, 그리고 표면 중력도 지구의 3분의 1 정도에 불과한 작은 행성이다. 화성의 표면 온도는 섭씨 −140~20도로 평균 온도는 섭씨 약 −80도이다.

화성의 지형은 크게 두 가지 특징으로 나눈다. 북반구는 평원이 펼쳐져 있으며 남반구는 운석 충돌에 의해 움푹 파인 땅이나 크레이터가

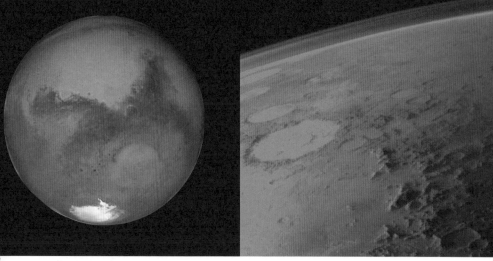

◀ 붉게 보이는 화성
➡ 화성에 옅은 대기가 보인다.

존재하는 고지가 많다. 극지방에는 물과 이산화탄소의 얼음으로 된 극
관이 있으며 계절에 의해 그 모양이 변화한다. 화성에는 타르시스고지
라는 곳에 높이가 약 25킬로미터에 이르는 올림퍼스산이 있으며, 거
대한 마리네리스협곡도 존재한다. 이 협곡은 길이가 약 3,000킬로미
터, 깊이는 약 8킬로미터, 그리고 부분적인 폭이 500킬로미터에 달
한다.

화성 대기는 중력이 작아 아주 희박하다. 지표 부근의 대기압은 약
0.006기압으로 지구의 약 0.75퍼센트에 불과하다. 화성 대기의 구성
은 이산화탄소가 약 95퍼센트이며, 질소가 약 3퍼센트, 그 외 미량의
아르곤, 산소 등을 포함한다. 화성 주위로는 두 개의 작은 위성이 공전
하고 있는데, 지름 약 27킬로미터의 포보스와 지름 약 16킬로미터인
데이모스가 있다.

: : 태양계에서 가장 거대한 행성, 목성

목성은 태양계에서 가장 거대한 행성이다. 태양으로부터 약 7억 8,000만 킬로미터 떨어져서 공전을 하고 있으며, 공전 주기는 약 11년 10개월이다. 목성은 태양계 내에서 가장 빠른 자전을 하는 행성인데, 대부분 기체로 이루어져 있기 때문에 차등 자전을 하며, 적도 부근에서는 9시간 50분 주기로, 고위도에서는 9시간 55분 주기로 자전을 한다. 자전축은 3도가량 기울어져 있다. 질량은 지구의 약 318배이고 부피는 지구의 약 1,400배나 된다. 그러나 밀도는 지구의 4분의 1 정도

목성 표면에 줄무늬가 있다.

밖에 되지 않는다. 표면 온도는 섭씨 약 −148도이다.

목성의 대기는 주로 수소, 헬륨으로 이루어져 있으며 약간의 암모니아와 메탄이 존재한다. 목성의 표면에는 줄무늬가 보이는데, 검게 보이는 것을 '띠', 밝게 보이는 것을 '대'라고 부른다. 표면 남쪽에는 붉은 반점 모양의 대적반이 보인다. 대적반은 남북으로의 길이가 14,000킬로미터, 동서의 길이가 26,000킬로미터에 달하며, 주변의 대기는 시계 반대 방향으로 회전하고 있다.

보이저호의 탐사 결과 목성에도 토성과 같이 고리가 있는 것으로 확인되었다. 그리고 목성을 공전하는 위성은 현재까지 80개 이상이 밝혀졌다. 목성의 위성을 처음 발견한 사람은 갈릴레이다. 1610년 직접 만든 망원경으로 네 개의 위성을 보았기에 '갈릴레이 위성'이라고 하며 각각의 이름은 이오, 유로파, 가니메데, 칼리스토이다. 가니메데는 태양계서 가장 큰 위성으로 지름이 약 5,270킬로미터에 달하며, 네 개의 갈릴레이 위성 중 목성으로부터 세 번째로 떨어져 있다.

∷ 고리가 아름다운 토성

토성은 거대한 고리를 가지고 있는 아름다운 행성이다. 태양으로부터 약 14억 킬로미터 떨어져 공전을 하고 있으며, 태양과 가까울 때는 약 13억 5,000만 킬로미터까지 다가오고 멀리 떨어질 때는 약 15억 킬로미터까지 멀어진다. 약 10시간 39분을 주기로 자전을 하며, 공전

↑ 토성은 수많은 고리를 가지고 있다.
↓ 토성의 위성 엔켈라두스의 표면에서 수증기가 나온다.

주기는 약 29년 6개월이다. 자전축이 공전 궤도면에 비해 약 27도 기울어져 있기 때문에, 지구에서 봤을 때 공전 주기에 따라 고리의 모습이 바뀌게 된다. 자전축이 지구 방향을 향하고 있을 때 고리가 가장 잘 보이고, 수직 방향일 때는 보이지 않는다. 이러한 현상은 한 번의 공전 주기 동안 두 번, 즉 약 15년에 한 번씩 일어난다.

토성의 고리는 갈릴레이가 최초로 발견했으나 망원경의 성능이 좋지 않아 고리라는 것은 확신하지 못했고, 50년 뒤 네덜란드의 천문학자 호이겐스가 토성의 고리를 확인했다. 1675년 이탈리아의 천문학자 카시니는 토성의 고리를 자세히 관찰하여 토성의 고리가 여러 개로 이루어져 있다는 것을 알아냈다. 그가 발견한 고리 사이의 간격을 카시니 틈새라고 부른다. 최근 우주 탐사선의 관측 결과, 토성의 고리는 적어도 1,000개 이상의 수많은 얇은 고리들로 이루어져 있으며, 토성 표면에서 7만~14만 킬로미터까지 분포하고 있음이 밝혀졌다. 토성의 표면 온도는 섭씨 −176도 정도로 아주 낮다. 토성 대기의 구성 성분 또한 목성과 비슷하다. 지금까지 메탄, 암모니아, 에탄, 헬륨, 수소 분자 등이 검출되었고, 수소 분자가 가장 풍부하다고 한다. 토성에는 60개 이상의 많은 위성들이 있음이 알려져 있으며, 그중에서 지름이 약 5,150킬로미터에 달하는 타이탄은 태양계에서 두 번째로 큰 위성이다. 다른 위성 엔켈라두스는 표면에서 수증기가 분출되는 것이 확인되었고 생명체가 존재할 환경을 갖추고 있을 가능성이 있다.

:: 누워서 자전하는 천왕성

천왕성은 육안이 아닌 망원경으로 발견된 최초의 행성으로서 1781년 4월 허셜이 처음 발견했다. 태양으로부터 약 28억 8,000만 킬로미터 떨어진 곳에서 공전을 하고 있고, 공전 주기는 대략 84년이다. 태양과 가까울 때는 약 27억 4,000만 킬로미터며 멀리 있을 때는 약 30억 킬로미터까지 떨어진다.

천왕성은 다른 행성과는 전혀 다르게 자전축이 거의 황도면에 누워 있는 형태로 자전을 한다. 천왕성의 적도면은 공전 궤도면에 약 98도 기울어진 역회전을 하고, 주기는 약 17시간이다.

표면 온도는 섭씨 −215도 정도이다. 대기에는 수소가 약 83퍼센트, 헬륨이 15퍼센트, 그리고 메탄 2퍼센트 등이 포함되어 있다. 천왕성의 대기는 태양 빛의 적색 파장을 흡수하고 청색과 초록색의 파장들의 많이 반사하므로 전체적으로 청록색을 띤다.

천왕성에도 고리가 존재한다. 처음에 지구에서 관측으로 발견했다. 천왕성 뒷면을 통과하는 별빛이 천왕성에 가려지기 직전과 다시 나타

천왕성은 청록색을 띤다.

날 때 수차례의 밝기 변화가 생겼는데 이것이 천왕성의 고리에 의한 것임을 알아내었다. 이러한 방법으로 지구에서 관측하여 발견한 고리는 9개였다. 나머지 고리들은 보이저호와 허블 우주망원경으로 밝혀냈다. 천왕성의 위성은 현재까지 30여 개가 알려져 있다.

:: 가장 멀리 떨어져 있는 행성, 해왕성

해왕성은 태양에서 가장 멀리 떨어져 있는 여덟 번째 행성으로서, 이론 천문학자들의 예측대로 발견되었다. 허셀이 천왕성을 발견한 뒤 1820년경 부바는 천왕성의 궤도 자료를 분석하던 중, 천왕성의 운동이 어떤 지점에서는 예상치보다 빠르고 어떤 지점에서는 느리다는 사

여덟 번째 행성 해왕성

실을 발견했다. 이에 천왕성 너머 다른 행성이 존재할 수 있다는 생각을 갖기 시작했다. 1843년 영국의 캠브리지대학교의 학생이던 애덤스는 천왕성 너머에 있을 미지의 행성의 위치를 계산을 통해 예측했다. 1845년 프랑스의 르베리에 역시 애덤스와 같은 결론을 얻었다. 1846년 독일의 갈레는 이들이 예측한 위치 근처에서 해왕성을 발견했다.

해왕성은 태양으로부터 약 45억 킬로미터 떨어져서 약 163년 8개월에 한 바퀴 공전을 한다. 해왕성의 크기는 약 24,766킬로미터이며 천왕성과 매우 비슷하다. 자전축이 공전면에 비해 약 29.6도 기울어져 있으며, 자전 주기는 약 16시간 5분이다. 평균 온도는 섭씨 −214도이며, 대기는 천왕성의 대기와 매우 유사하다. 80퍼센트 정도가 수소로 구성되어 있고, 약 19 퍼센트는 헬륨, 나머지는 에탄, 메탄 등으로 이루어져 있다.

해왕성도 고리를 가지고 있으며, 별빛의 가림 현상을 통해 지구에서 먼저 확인했다. 보이저호의 탐사 결과 고리가 여러 개라는 것이 밝혀졌다. 해왕성의 위성은 현재까지 15여 개 발견했다.

:: 왜소 행성이 된 명왕성

명왕성은 1930년 톰보가 발견하여 태양계의 아홉 번째 행성으로 분류했다. 명왕성은 태양으로부터 평균 약 60억 킬로미터의 거리에서

250년이라는 주기로 공전한다. 그런데 명왕성은 이심률이 매우

전 궤도를 가지고 있어 태양에 가장 가까울 때는 44억 4,000만 ᄏ

터, 가장 멀 때는 73억 9,000만 킬로미터로 멀어지는데, 때로는

성보다 더 태양에 가까운 궤도상에 위치하기도 한다. 질량은 달

의 1에 불과하지만 카론 등 5개의 위성을 갖고 있기도 하다.

그러나 명왕성과 비슷한 타원 궤도로 공전하면서 명왕성보다 ᄀ

더욱 큰 천체들이 잇따라 발견됨에 따라 행성으로 분류하는 ᄀ

한 논란이 발생되었다. 이에 국제천문연맹은 왜소 행성을 새롭거

했다. 왜소 행성의 네 가지 조건은 태양을 공전하며, 자체 중력

왕성과 카론

◀ 명왕성 아래 무문 하트 모양은 거대한 운석이 충돌한 흔적으로 추정된다.
▶ 2015년 7월 14일 공개된 명왕성 사진. 얼음산과 깊은 협곡이 있다.

구형을 유지할 만큼의 질량을 가져야 하고, 주변 궤도의 다른 천체들을 흡수할 수 있는 천체가 아니며, 다른 행성의 위성이 아니어야 한다는 것이다. 2006년 8월 24일 국제천문연맹은 체코의 프라하에서 열린 총회에서 최초의 소행성으로 알려진 세레스와 제나로 불리던 에리스, 그리고 명왕성을 포함한 세 개의 천체들을 왜소 행성이라고 새롭게 분류했다.

미국항공우주국NASA은 2006년 2월 명왕성을 탐사하기 위해 뉴호라이즌호를 우주로 보냈다. 뉴호라이즌호는 장장 9년 6개월 동안 56억 7,000만 킬로미터의 길고도 먼 우주를 여행하고 2015년 7월 드디어 명왕성 근처에 도착해 명왕성은 물론 카론을 비롯한 명왕성의 위성들에 대한 생생한 우주 정보를 보내고 있다. 이제 뉴호라이즌호는 명왕

우주 레시피

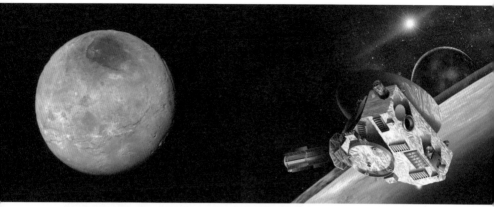

성을 지나 태양계 형성의 단서를 지니고 있을 것으로 알려져 있는 카이퍼 벨트를 향해 거침없이 나아가고 있는 중이다.

:: 소행성

태양계에는 행성과 왜소 행성뿐만 아니라, 많은 소행성들이 화성과 목성 사이의 궤도에서 태양을 중심으로 공전한다. 소행성은 수백 미터 ~수백 킬로미터 크기의 매우 작은 천체로, 행성으로 뭉쳐지지 못한 잔여물로 여겨진다. 어떤 것들은 긴 타원 궤도를 가지고 있어서 수성보다 태양에 더 가까이 접근하기도 하고 천왕성 궤도까지 멀어지기도 한다. 19세기 들어서야 비로소 소행성을 발견하기 시작했다. 지금은 왜소 행성으로 분류된 세레스는 1801년에 처음으로 발견되었다.

소행성 433 에로스

　화성과 목성 사이가 아닌 또 다른 위치에서도 소행성 무리를 볼 수 있는데, 목성의 궤도에서 목성의 앞뒤로 60도 위치에 두 무리가 존재하며, 이를 트로이 소행성군이라고 부른다. 이 외에도 지구와 화성 사이의 궤도에서 공전을 하고 있는 아모르 소행성군, 공전 궤도의 근일점에 다가갈 때 지구 궤도를 가로지르는 아폴로 소행성군, 원일점을 향할 때 지구 궤도를 가로지르는 아텐 소행성군 등이 존재한다.

:: 혜성

혜성은 태양계의 구성원들 중에서 갑자기 꼬리를 드리우면서 나타나 밤하늘의 장관을 이루는 천체이다. 대부분의 혜성은 15킬로미터 이하 크기의 핵을 가지고 있다. 핵은 얼음과 암석, 그리고 먼지 입자들로 이루어져 있다. 혜성이 태양에 가까이 오면, 핵을 이루던 가스가 증발

헤일-밥 혜성

하면서 주변에 수만~수십만 킬로미터 크기의 코마^{coma}를 형성한다. 코마에서 뻗어 나오는 꼬리는 큰 규모의 경우 그 길이가 1억 5,000만 킬로미터에 이른다. 혜성의 꼬리는 이온 꼬리와 먼지 꼬리로 나뉜다. 이온 꼬리는 푸른색을 띠며, 태양풍과 태양의 자기장에 영향을 받아 태양의 반대편으로 생긴다. 먼지 꼬리는 대체적으로 흰색을 띠며, 태양의 복사압에 의해 반대편으로 밀려난 입자들이 혜성 궤도의 반대 방향으로 휘어져 나타난다.

혜성의 궤도는 대부분 타원 궤도를 가지며 일정한 주기를 가지로 나타난다. 76년의 주기를 갖는 핼리 혜성이 그 대표적인 예이다. 공전 주기에 따라 단주기 혜성, 장주기 혜성, 비주기 혜성으로 나눈다. 단주기 혜성은 일반적으로 공전 주기가 200년 미만인 혜성으로 정의된다. 장주기 혜성은 이심률이 큰 타원 궤도를 가지며, 200~수천 년 또는 수백만 년의 주기를 갖는다. 포물선이나 쌍곡선의 궤도를 가지는 비주기 혜성들은 한 번 태양을 지나간 후에는 돌아오지 않는다.

혜성은 명왕성 궤도 바깥에 카이퍼 벨트와 오르트 구름에서 만들어진다고 알려져 있다. 카이퍼 벨트는 1949년 아일랜드의 에지워스와 1951년 미국의 카이퍼가 각각 황도면 가까운 곳에 혜성의 집합 장소로서 존재할 것이라 제안했으며, 1980년대 이후 정밀 탐색이 이루어지면서 확인되었다. 카이퍼 벨트에 위치하는 천체들을 카이퍼 벨트 천체라고 부르며, 주로 물과 얼음으로 된 작은 소행성들로 구성되어 있다. 단주기 혜성들도 이곳에서 형성되는 것으로 여겨진다. 1950년 네덜란드의 오르트는 태양계의 먼 곳에 혜성이 생겨나는 지역이 있을 것이라는 제안을 했으며, 이를 오르트 구름이라고 부른다. 오르트 구름은 장주기 혜성이나 비주기 혜성의 기원으로 알려져 있으며, 태양으로부터 4조 5,000억 킬로미터에서 15조 킬로미터에 해당하는 광대한 영역에서 수천억 개 이상의 원시 혜성들을 가지며 태양계를 껍질처럼 둘러싸고 있다고 여겨진다.

:: 유성

태양계 행성들 사이의 우주 공간을 떠돌아다니는 소행성보다 매우 작은 천체들을 유성체라고 한다. 유성체들은 혜성이나 소행성에서 떨어져 나온 티끌 또는 태양계를 떠돌던 먼지 등으로 이루어져 있다. 이들이 지구 중력에 이끌려 대기 안으로 들어오면서 대기와의 마찰로 불타는 현상을 유성 또는 별똥별이라고 한다. 유성이 빛을 발하는 시간은 수십분의 1초에서 수 초 사이이다.

1시간에 수십 개에서 수백 개, 특별한 경우에는 수십만 개의 유성이 하늘의 한 지역에서 쏟아지듯 보이는 현상을 유성우라고 한다. 유성우는 지구가 태양을 공전하다가 혜성이나 소행성들이 지나간 자리를 통과하게 되면 그곳의 찌꺼기들이 지구의 중력에 이끌려 대기권으로 한꺼번에 떨어지면서 나타나는 현상이다. 따라서 상당수의 유성우는 이

페르세우스자리 유성우와 은하수

우주 레시피

미 밝혀진 혜성의 궤도에서 발견되며, 특정한 날에 주기적으로 나타난다. 한편 보통의 유성은 대기를 지나며 모두 타서 없어지는데 규모가 큰 유성은 그 잔재가 지표면까지 도달한다. 이를 운석이라고 한다.

14

빠져드는 맛 밤하늘

내 별자리는 언제 볼 수 있을까?

빠져드는 맛

은하수는 하늘 한가운데를 가로지르고, 백조자리가 그 위를 나는 듯 펼쳐 있다. 백조자리의 알파성 데네브와 거문고자리 알파성 베가, 그리고 독수리자리 알파성 알타이르는 거대한 여름의 대삼각형을 만든다.

:: 우주를 느껴 보자

하나의 별자리에 있는 별들은 실제로 모여 있지도 않고, 지구와 떨어진 거리도 제각각이다. 다만 하늘 면에 투영되어 일정한 형태를 이루고 있을 뿐이다. 그럼에도 불구하고 별자리는 우리에게 가장 친숙한 밤하늘 별들의 모습이다. 별들이 모여 하나의 별자리를 이루고 그 별자리는 인간의 상상이 깃들여져 아름다운 별자리 이야기를 만들어 낸다. 여름철 밤하늘을 장엄하게 가로지르는 은하수를 따라 서쪽 하늘로 날아가는 백조자리의 모습과 그 양쪽으로 위치하는 독수리자리의 견우성과 거문고자리의 직녀성의 모습은, 오랜 역사 속의 수많은 사람들에게 우주를 향한 무한한 경외심과 낭만을 선사해 주고 있는 우주가 주는 최고의 선물이다. 별자리를 관찰하면서 나와 함께하는 우주, 137억 년의 장엄한 시간의 역사를 지닌 우주를 느껴 보자. 별자리는 어떻게 유래되었으며, 어떤 모습으로 보이는지 알아보자.

:: 별자리의 기원

별자리는 시대에 따라 또는 지역별로 다르게 사용해 오긴 했지만, 현재는 1928년 국제천문연맹에서 결정한 88개의 별자리를 공통으로 쓰고 있다. 별자리의 기원은 기록상으로 기원전 수천 년경 바빌로니아 지역에 살던 유목민인 칼데아인들에서 시작한다. 이들은 별들의 움직임을 살펴 계절의 변화를 인식했고, 별들의 위치를 배열하여 여러 가지 동물의 이름을 붙였다. 기원전 3000년경에 만든 이 지역의 표석에는 태양과 행성들이 지나는 하늘의 위치, 즉 황도를 따르는 12개의 별자리를 포함한 20여 개의 별자리가 표시되어 있다. 고대 이집트에서도 43개의 별자리를 사용한 것으로 전해진다. 바빌로니아와 이집트의 천문학은 그리스로 전해졌고, 그리스인들은 서사적 그리스 신화의 의미를 별자리에 부여했다. 케페우스자리, 카시오페이아자리, 안드로메다자리, 페르세우스자리 등의 별자리가 그러한 것들이다. 기원후 100년경에 이르러, 프톨레마이오스는 지구를 중심으로 하는 행성과 별의 운동에 대한 체계적 연구 결과를 『알마게스트』에 실었는데, 여기에는

1,022개의 별 일람표도 포함되어 있었다. 여기에는 48개의 별자리가 나타나는데, 황도 상에 12개, 황도 북쪽 지역에 21개, 황도 남쪽 지역에 15개의 별자리 등으로 구분되었다. 이 별자리들은 15세기까지 유럽에 널리 알려졌다.

:: 별을 지도로 그리다

중세에 접어들면서 별의 지도, 즉 성도를 만들기 시작했고 별자리 역시 지도로 그렸다. 1536년 독일의 아피안은 북쪽 하늘의 별들에 대해 처음으로 성도를 만들면서 별자리를 표시했는데, 이 성도에는 프톨레마이오스의 48개 별자리뿐만 아니라 머리털자리와 사냥개자리도 그려 넣었다.

항해 시대 이후 유럽인들이 남반구에 진출하면서 항해사들은 망망대해의 배 위에서 자신들의 위치를 확인하기 위해 남쪽 하늘의 별들을 관측하면서 새로운 별자리들을 기록했다. 네델란드의 항해사 데오도루스의 기록을 바탕으로, 1603년 독일의 바이어는 우라노메트리아에서 카멜레온자리, 극락조자리, 황새치자리 등 12개의 별자리를 추가했다. 1627년 로아이에는 비둘기자리, 남십자자리 등을 만들었으며, 1690년 헤벨리우스는 작은여우자리, 작은사자자리, 방패자리 등을 만들었다. 라카유는 희망봉에서 1만여 개의 남쪽 하늘의 별 목록을 작성한 것으로 유명한데, 1763년에 출판된 그의 저서 남쪽 하늘 항성 목록에 18개의 별자리들이 새롭게 추가되었다.

20세기 들어 망원경이 발달하고 천문학이 발전하면서 어두운 별들을 더 자세히 보게 되었다. 별자리의 명확한 구분이 없어 혼동이 생겼고, 이에 1922년 국제천문연맹은 별자리의 계통 정리를 제안했다. 1928년 전 하늘의 별들에 대해 황도를 따라서 12개, 북반구 하늘에 28개, 그리고 남반구 하늘에 48개로 총 88개의 별자리 구역을 확정지었다. 또 라틴어 소유격으로 된 별자리의 학명을 정하고, 3개의 문자로 된 별자리의 약부호를 정했다. 총 88개의 별자리 중 우리나라에서 볼 수 있는 별자리는 큰곰자리 등 67개이고, 일부만이 보이는 별자리가 용골자리 등 12개, 그리고 완전히 보이지 않는 별자리는 물뱀자리 등 9개이다.

: : 12개의 별자리

밤하늘의 별들은 지구의 자전과 공전에 의해 일주 운동과 연주 운동을 한다. 일주 운동은 지구의 자전에 의해 별들이 북극성을 중심으로 하루에 한 바퀴를 도는 것으로 보이는 현상으로, 별자리들은 1시간에 약 15도 정도 동에서 서로 이동한다.

지구는 태양을 중심으로 1년에 한 바퀴 공전하기 때문에 별자리들은 하루에 약 1도씩 서쪽으로 이동하여 매일 3분 56초씩 더 빨리 떠오른다. 따라서 계절에 따라 보이는 별자리 또한 다르며, 1년을 주기로 반복하므로 이를 연주 운동이라고 한다. 연주 운동에 의해 하늘 면에서 1년 동안 태양의 위치가 움직이며, 이를 이은 가상의 선을 황도라고 한다.

황도를 따라 차례대로 분포하는 12개의 별자리, 즉 물고기자리, 양자리, 황소자리, 쌍둥이자리, 게자리, 사자자리, 처녀자리, 천칭자리, 전갈자리, 궁수자리, 염소자리, 물병자리를 황도 12궁이라고 부른다.

연주 운동 때문에 계절마다 볼 수 있는 별자리가 달라진다. 일반적으로 각 계절의 저녁 9시경에 잘 보이는 별자리들을 그 계절의 별자리라고 한다.

: : 계절마다 보이는 별자리가 다르다

우리나라는 북반구 중위도 지역에 있으므로, 북극성을 중심으로 그 주변에 있는 별자리는 계절에 상관없이 1년 내내 볼 수 있다. 큰곰자리, 작은곰자리, 용자리, 카시오페이아자리, 케페우스자리, 기린자리 등이 이에 해당한다. 북쪽 하늘 별자리 중 큰곰자리의 북두칠성은 봄과 여름 초저녁에, 카시오페이아자리는 가을과 겨울 초저녁에 쉽게 볼 수 있다. 이 두 별자리는 북극성을 찾는 데도 유용하다.

봄철 별자리는 사자자리, 작은사자자리, 살쾡이자리, 목동자리, 왕관자리, 사냥개자리, 처녀자리, 까마귀자리, 머리털자리, 천칭자리, 바다뱀자리, 육분의자리, 컵자리 등이 있다. 봄이 되면 목동자리의 알파

봄의 대곡선과 봄의 대삼각형

여름의 대삼각형.
직녀성(가장 위의 밝은 별), 견우성(중간 아래쪽의 밝은 별), 데네브(가장 왼쪽 중간 높이의 덜 밝은 별)

성 아르크투루스, 처녀자리의 알파성 스피카, 사자자리 베타성 데네볼라 등이 밝게 빛난다. 이들은 봄을 대표하는 길잡이 별로 봄의 대삼각형을 이룬다. 북두칠성의 국자 손잡이부터 목동자리의 아르크투루스와 처녀자리 스피카에 이르는 큰 호를 봄의 대곡선이라고 부른다.

여름철 밤하늘에는 거대한 은하수가 장관을 이룬다. 여름철 별자리에는 거문고자리, 독수리자리, 백조자리, 화살자리, 여우자리, 방패자리, 돌고래자리, 헤르쿨레스자리, 전갈자리, 뱀주인자리, 뱀자리, 궁수자리 등이 포함된다. 은하수는 하늘 한가운데를 가로지르고, 백조자리가 그 위를 나는 듯 펼쳐 있다. 백조자리의 알파성 데네브와 거문고자리 알파성 베가^{직녀성}, 그리고 독수리자리 알파성 알타이르^{견우성}는 은하수를 가로질러 거대한 여름의 대삼각형을 만든다. 은하수의 남쪽으로 시선을 돌리면 궁수자리의 우리은하 중심 방향을 볼 수 있으며, 전갈자리의 안타레스도 밝게 빛난다.

가을철 별자리는 페가수스자리, 안드로메다자리, 페르세우스자리, 도마뱀자리, 삼각형자리, 양자리, 물고기자리, 조랑말자리, 남쪽물고기자리, 물병자리, 염소자리, 고래자리 등이 있다. 다른 계절에 비해 밝은 별이 많이 없는 편이다. 하지만 가을밤이 깊어지면 하늘 한가운데에 안드로메다자리의 알파성과 페가수스자리의 세 별이 이루는 거대한 가을의 대사각형을 볼 수 있다.

겨울철 별자리는 오리온자리, 큰개자리, 작은개자리, 토끼자리, 에

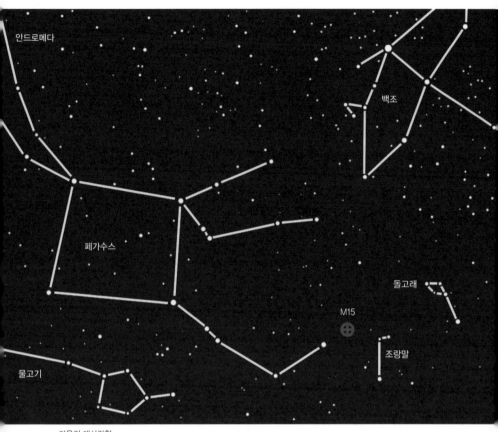

안드로메다

백조

페가수스

돌고래

M15

조랑말

물고기

가을의 대사각형

리다누스자리, 황소자리, 쌍둥이자리, 외뿔소자리, 마차부자리, 게자

리 등이 있다. 겨울철 밤하늘은 유난히 별이 많으며 아름답다. 안드로

메다은하와 오리온성운, 플레이아데스 산개성단과 히아데스 산개성단

등 맨눈으로도 볼 수 있는 다양한 은하와 성운, 성단들이 있으며, 오리

내 별자리는 언제 볼 수 있을까?

카펠라

폴룩스

알데바란

프로키온　　　　　베텔게우스

리겔

시리우스

겨울의 대삼각형과 겨울의 대육각형

온자리의 베텔게우스, 리겔, 큰개자리의 시리우스, 작은개자리의 프로
키온, 황소자리의 알데바란, 마차부자리의 카펠라 등 맑고 밝은 별들
이 하늘을 아름답게 수놓고 있다. 오리온자리 알파성 베텔게우스, 큰
개자리 알파성 시리우스, 작은개자리 알파성 프로키온이 만드는 거대
한 삼각형은 겨울의 대삼각형이라고 한다. 마찬가지로 프로키온, 시리
우스, 오리온자리 베타성 리겔, 황소자리 알파성 알데바란, 마차부자
리 알파성 카펠라, 쌍둥이자리 베타성 폴룩스를 연결하면 겨울의 대육
각형이 된다.

찾아보기

가

가니메데 45, 261
가모브 67, 111~112, 114, 116, 118,
　120, 128, 143
가벼운 입자 시기 240
가시광선 79~80, 88~90, 95~97,
　101~102, 116, 166
가을의 대사각형 287~288
각운동량 251
간섭계 97~100, 104~105
갈렉스 101~102
갈릴레이 45~46, 52, 77, 87~88, 91,
　261~262
갈릴레이 위성 261
갈릴레이 탐사선 186
갈색왜성 148
강력 134, 238~239
강입자 112
강입자 가속기 238
강입자 시대 112
개기일식 223
거대 마젤란 망원경 105~106
거대 아크 225
거대타원은하 161
거문고자리 276, 286
게성운 31, 54
게일 크레이터 180
게자리 282, 287

겨울의 대삼각형 285, 289
겨울의 대육각형 289
경위도 방식 93~94
고래자리 197, 286
고리성운 150
골드 81
과학혁명 47~48, 68
『과학혁명의 구조』 68
광년 19, 71
광전 효과 76
광학망원경 59, 89~90, 96~97, 99,
　102~103
광행차 현상 77
구상성단 28, 56~57
국제 자외 탐사 위성 101
굴절망원경 87, 90~92, 103
궁수자리 57, 206, 282, 286
그물 구조 34~36, 243
극락조자리 280
금성 39~40, 44, 46, 87, 177, 188,
　249, 255~256
급팽창 128~131, 134~136, 168,
　214~217, 227, 230~231,
　234~235, 238, 240, 242
기린자리 282
까마귀자리 282

나

나선은하 29, 58, 61~62, 159~164,
   221~222, 249
나선팔 160, 162~164, 249
남십자자리 280
남쪽물고기자리 286
내행성 44, 46, 255~256
노벨 물리학상 114, 119~121, 142,
   229~230, 240
뉴클레오이드 171~172, 203
뉴턴 47~48, 52, 80, 91~92, 221
뉴호라이즌호 268~269
니어슈메이커 탐사선 188

다

다중성 25, 28
단주기 혜성 52, 249, 272
닫힌 우주 132, 218, 244
달 176~177
대소멸 245
대수축 218, 244
대통일력 238
대통일 이론 134
대통일 이론 시대 238
더블유맵(WMAP) 121~122
데네볼라 282~283
데오도루스 280
데이모스 259
도마뱀자리 286
도플러 효과 61, 189
독수리성운 23~24, 54
독수리자리 278, 286

돌고래자리 286
등방성 129, 242

라

라그랑주 2 지점 121~122
라카유 280
라플라스 250
렌즈형은하 29, 162~163
로버 179~181
로웰 195~196
로제타 탐사선 188
뢰머 77
루나호 176, 257
르베리에 266
리겔 80, 288~289
리스 230
리페르세이 86

마

마리너 계획 179
마리너호 177~179
마리네리스협곡 178~179, 259
마이크로파 116, 118, 121
마젤란호 177
마차부자리 289
마초 227
막스토프 92
만유인력 47~48, 52, 80
매더 121
맥동 변광성 60~61, 110
머리털자리 280, 282
메시에 53~54

메시에 목록 53~54
메케이 182
명왕성 49, 249, 266~269, 272
목동자리 282, 286
목성 39, 40, 45, 77, 87~88, 177, 184,
　186~188
무거운 입자 시기 240
무지개 79
물고기자리 282, 286~287
물뱀자리 281
물병자리 282, 286
물질 우세 시기 241
미마스 57
미자르 25
밀도 계수 131, 133~134, 136,
　214~218, 221, 227, 230~231, 238,
　244

바

바다뱀자리 282
바람개비은하 161
바리온 물질 220, 225~227, 230
바이셉 전파망원경 135
바이어 280
바이킹호 177~179
박테리아 화석 172~173
반사망원경 56, 91~92, 94~95, 100,
　102~103, 105, 107
방패자리 280, 286
백색왜성 149~151, 220, 228~229
백조자리 278, 286
뱀자리 286

뱀주인자리 286
범종설 170~171, 173
별똥별 273
베릴륨 113, 145
베테 142
베텔게우스 80, 288~289
벤틀리 80
보이드 36, 166, 243
보이저호 177, 184~186, 199~202,
　261, 265, 266
보현산 천문대 25, 105
본디 81
볼시찬 189
봄의 대곡선 283, 286
봄의 대삼각형 283, 286
북극성 281~282
북두칠성 25, 282, 286
분리 시기 118, 241
분해능 94~95, 97~98, 100, 102, 105,
　107
불규칙은하 29, 159, 163
불확정성 원리 236~237
브란덴부르크 협주곡 201
브래들리 77
VSOP 99
VLA 98~99
블랙홀 79, 125, 152, 220, 227, 244
비균질성 121~122, 129, 131
비너스호 177
비둘기자리 280
비주기 혜성 272~273
빅 크런치 218, 244

빅립 228, 245

빅뱅 우주론 18~20, 66, 69, 110~116, 120, 125, 129~131, 133, 135~136, 138, 140, 143, 145, 157, 168, 214~215, 217, 220, 223, 227, 230~231, 234, 236

빛 우세 시기 241

빛의 속력 19, 68, 77~78, 81, 83, 88, 126

사

사냥개자리 280, 282

433 에로스 188, 270

사자자리 282

산개성단 24, 28, 56, 287

살쾡이자리 282

삼각형자리 286

삼렬성운 54

3C273 125

색수차 91

『생명체가 있는 곳 화성』 196

새플리 57~58

서브밀리미터파 우주망원경 101

섬 우주 58

섬 우주설 58, 157

성운 23, 28, 53~54, 58~59, 61, 110, 148, 152, 175, 220, 287

성운설 250

『성운의 왕국』 158

세레스 249, 268~269

세티(SETI) 195~196, 205

소리굽쇠도 163~164

소저너호 181

소천체 52

소행성 171, 188, 248~249, 251, 268~270, 272~273

SALT 102

수성 39~40, 44, 177, 188, 221, 249, 254~255, 269

수소 97, 111~114, 116, 125~126, 138~145, 148~149, 152, 168, 172, 175, 196, 201~203, 217, 220, 240~242, 244, 255, 261, 263~264, 266

슈미트 92, 125

슈밋 230

스무트 121

스펙트럼 62, 120, 125~126, 139, 151, 229

스피처 적외선 우주망원경 101

스피카 282~283, 286

시리우스 287, 289

신성 30, 113

쌍둥이자리 282, 289

아

아레시보 전파망원경 97, 202~203, 207

아령성운 54

아르크투루스 282, 283, 286

아모르 소행성군 270

아인슈타인 21, 65~66, 78, 81, 110, 223, 231

아인슈타인 링 225

아인슈타인 크로스 225~226

아텐 소행성군 270

아폴로 소행성군 270

아폴로호 176

안드로메다성운 58~61, 110, 157

안드로메다은하 55~56, 61, 63, 110,
    287

안드로메다자리 279, 286~287

안타레스 287

알데바란 288~289

『알마게스트』 41, 279

알코르 25

알타이르(견우) 278, 287, 284

알퍼 112, 116, 118

암흑 물질 136, 157~158, 221~223,
    225~227, 230, 242

암흑 시기 235, 241~243

암흑 에너지 136, 157~158, 230~231,
    243, 245

애덤스 266

앨런힐스 84001 182~183

약력 134, 238~240

양성자 112~113, 116, 138, 220, 240

양자리 282, 286

에딩턴 143, 223

에리다누스자리 197, 286

에트킨슨 141

엔켈라두스 56~57, 186, 262~263

LBT 102

여름의 대삼각형 278, 284, 287

여우자리 286

연주 시차 41, 44, 46, 71

연주 운동 281~282

열린 우주 132, 218~221, 227~228

염소자리 282, 286

오르트 273

오르트 구름 49, 52, 249, 272~273

오리온성운 23, 54, 287

오리온자리 80, 286, 289

오메가 131~134, 136, 214~218, 220,
    227, 230~231, 238, 244

오즈마 계획 196~197

『오즈의 마법사』 197

오퍼튜니티 181

올버스 74, 82

올버스의 역설 82~83

왕관자리 282

왜소 행성 249, 266~269

외계 문명체 194, 196, 205~207, 211

외계 생명체 171, 174, 194, 201

외계 지성체 174, 194, 197~198,
    201~202, 205~207

외부은하 60~61, 110, 157~159

외뿔소자리 287

용자리 282

우리은하 28, 57~58, 60~61, 63,
    71, 96~97, 110, 126, 156~157,
    163~164, 169, 205, 209, 211, 244,
    249, 286

우주 배경 복사 110, 112, 115~116,
    118~123, 129, 131, 234~235,
    241~242

우주 상수 65~66, 231

우주의 나이 19~20, 67, 70, 112~113,
    117, 130, 138~139, 240~244

우주의 지평선 129~130, 135, 238
우주의 편평도 129, 131, 134
운석 74, 182~183, 255, 258, 268, 275
원반부 160, 162~163
원시별 23, 148
『월면도』 42
윌슨 119~120
윌슨산 천문대 59, 66, 158
윔프 226
유기물 170, 174~175, 191
유로파 45, 184, 186~187, 261
유성 273
유성우 273~274
육분의자리 282
67P/추류모프-게라시멘코 혜성 188
은하군 32, 165
은하단 25, 32, 160, 165, 221~223,
　225~226, 243
은하수 28, 46, 57~58, 87, 163~164,
　274, 278, 286
이오 45, 77, 184, 261
253 마틸다 188
이원철 103
E-ELT 107
이토카와 188
이티(ETI) 194
인본 원리 215~216
일반 상대성 이론 21, 65~66, 79, 223,
　231
1a형 초신성 227~230
일주 운동 281
임계 밀도 131, 136, 217~218, 220,

227, 230, 244
입자성 75~76

사
자기 단극 소립자 129, 134~135, 238
작은개자리 286, 289
작은곰자리 282
작은사자자리 280, 282
작은여우자리 280
장성 166
장주기 혜성 52, 249, 272~273
재결합 시기 241
잰스키 96
적도의 방식 93~94
적색거성 149, 229
적색편이 62~63, 83, 118, 126
전갈자리 282, 286
전자기력 134, 238~240
전파망원경 89, 96~100, 104~105,
　119, 136, 175, 197, 203, 205~207
정상 상태 우주론 81, 111, 114, 143,
　145
정적인 우주 65, 231
제임스 웹 우주망원경 106~107
제프리 251
조랑말자리 286~287
『조용한 아침의 나라 조선』 195
주전원 41
중력 25, 28, 67~68, 78~80, 118,
　128, 133~134, 140, 143~144,
　148~149, 166, 214, 221~223,
　228~229, 238~239, 241~242,

245, 250~251, 257~259, 267, 273
중력렌즈 79, 189, 221, 223~226
중력장 65, 79, 131, 133, 223, 225, 229
중성자 112, 116, 141, 146, 151, 220, 240
중성자별 151, 220
중원소 67, 113~114, 139, 140, 143~146, 151~152, 169, 216, 236, 242~243
지동설 43~44, 46~48, 68, 87
지오토 탐사선 188
GTC 102
직녀성(베가) 278, 284, 286
진스 251
짝별 25, 28

차

찬드라 엑스선 우주망원경 101
처녀자리 282, 286
천동설 41~43, 68
천문단위 52, 71, 190, 249
천상열차분야지도 25
천왕성 57, 184, 188, 249, 263~266, 269
천칭자리 282
철 114, 139, 144~146, 151, 169
초신성 30~31, 113, 146~147, 151~152, 227~230, 242
최대 이각 254~255
츠위키 222~223

카

카론 267~269
카멜레온자리 280
카세그레인 92
카시니 263
카시니 탐사선 186
카시니 틈새 263
카시오페이아자리 279, 282
카이퍼 벨트 49, 52, 249, 269, 272
카펠라 288~289
칸트 58, 157, 250
칼리스토 45, 261
캡타인 57
커티스 58
컵자리 282
KVN 104
케페우스자리 279, 282
케플러 47, 91, 221
케플러 우주망원경 190
켁 망원경 99, 102
켄타우루스 알파성 202
코로나 253
코마 272
코비(COBE) 101, 115, 120~122
코페르니쿠스 43~44, 46~48, 68, 87
콤프턴 감마선 우주망원경 101
콤프턴 효과 76
쿤 68
쿼크 112, 116, 240
쿼크 시기 240
퀘이사 97, 112, 124~126, 225~226, 242

큐리오시티 180~181
크레이터 179~180, 255, 257~258
큰개자리 286, 289
큰곰자리 281~282

타

타원 궤도 47~49, 254, 258, 267, 269,
　272
타원은하 29, 159~163
타이탄 184, 186, 263
탄소 114, 139, 142, 144~145,
　150~151, 169, 172, 175, 203
태양풍 272
토끼자리 286
토성 39~40, 45, 56~57, 87~88, 177,
　184~186, 188, 249, 261~263
트로이 소행성군 270
특수 상대성 이론 78
TMT 107
티코 47

파

파동성 75~76
파섹 71
파울러 114, 145, 229
파이어니어호 177, 184~186, 198,
　201~202
패러다임 46, 68~69
패스파인더 181
펄 227
펄머터 230
펄서 97, 152, 189, 201

페가수스자리 286, 287
페르세우스자리 274, 279, 286
펜지어스 119~120
편평한 우주 132, 216, 218~220
포보스 259
폴룩스 288~289
프레일 189
프로키온 288~289
『프린키피아』 48
프톨레마이오스 40~44, 68, 279~280
플랑크 115
플랑크 시간 236~238
플랑크 위성 122
플레이아데스성단 24, 26, 56, 287
피닉스 181
피닉스 프로젝트 207
필라멘트 166, 243

하

하야부사 탐사선 188
하이젠베르크 237
해왕성 52, 184, 188, 221, 249,
　265~267
핵산 171~172
핵융합 29, 113~114, 138, 140~146,
　148~153, 228~229, 240, 242~243,
　248, 250
핵합성 시기 240
핼리 48, 52
핼리 혜성 48~50, 188, 272
행성상성운 30, 149~151
허블 20, 58~63, 65~66, 81,

110~111, 157~159, 163~164, 231
허블 딥 필드 32~33, 165~166
허블 상수 122
허블의 법칙 63, 112, 126
허블 우주망원경 33, 102, 107, 166,
　186, 265
허셜 56~57, 263, 265
헤르쿨레스성단 55~56, 203, 205
헤르쿨레스자리 286
헤벨리우스 42, 280
헤일로 28, 57, 227
헤일−밥 혜성 271
헬륨 112~114, 116, 138~139,
　141~143, 145, 149~150, 152, 168,
　240~242, 255, 261, 263~264, 266
혜성 39, 48~50, 52~53, 170~171,
　188, 248~249, 271~273, 275
호이겐스 263
호이겐스 탐사선 186
호일 81, 111, 114, 143~145
혼천의 25
홍염 253
화살자리 286
화성 39~40, 47, 87, 177~184, 188,
　195~196, 210, 249, 258~259,
　269~270
『화성』 196
『화성과 수로』 196
황 139, 145, 151, 172, 175
황도 279~282
황새치자리 280
황소자리 282, 287, 289

회절 76
후테르만스 141
흑점 45, 88, 253
히아데스 산개성단 287
힉스 238, 240
힉스 입자 238, 240

124쪽 ⓒⓘESO/L. Calçada

129쪽 ⓒⓘⓞBetsy Devine

132쪽 NASA

147쪽 ⓒⓘESA/Hubble&NASA

150쪽 The Hubble Heritage Team (AURA/STScI/NASA)

161쪽 위 J. Blakeslee (Washington State University)

161쪽 아래 ⓒⓘImage: European Space Agency & NASA

162쪽 NASA and The Hubble Heritage Team (STScI/AURA)

164쪽 PD−HUBBLE

165쪽 Credit: R. Williams (STScI), the Hubble Deep Field Team and NASA

176쪽 NASA

178~179쪽 NASA / JPL−Caltech / USGS

180쪽 위 NASA/JPL/Cornell University, Maas Digital LLC

180쪽 아래 NASA/JPL−Caltech/MalinSpaceScienceSystems Derivativeworkincludi
 nggrading,distortioncorrection,minorlocaladjustments,cropandrenderingf
 romtiff−file: JulianHerzog

183쪽 ⓒⓘⓞJstuby

185쪽 위 NASA Ames

185쪽 아래 NASA/JPL

187쪽 위 NASA/JPL/DLR

187쪽 아래 NASA, ESA, and M. Kornmesser. Science Credit: NASA, ESA, L. Roth
 (Southwest Research Institute and University of Cologne, Germany),
 J. Saur (University of Cologne, Germany), K. Retherford (Southwest
 Research Institute), D. Strobel and P. Feldman (Johns Hopkins University),
 M. McGrath (Marshall Space Flight Center), and F. Nimmo (University of
 California, Santa Cruz)

198쪽 Designed by Carl Sagan and Frank Drake. Artwork prepared by Linda
 Salzman Sagan. Photograph by NASA Ames Resarch Center (NASA−ARC)

199쪽 NASA

200쪽 NASA/JPL

202쪽 H. Schweiker/WIYN and NOAO/AURA/NSF

204쪽 Images by S. Larson

206쪽 Credit: The Ohio State University Radio Observatory and the North American AstroPhysical Observatory (NAAPO)

226쪽 NASA, ESA, and STScI

235쪽 NASA/WMAP Science Team

252쪽 NASA, ESA

254쪽 NASA/JPL

256쪽 NASA

257쪽 ⓒ①◎Gregory H. Revera

259쪽 왼쪽 NASA, ESA, and The Hubble Heritage Team (STScI/AURA)

259쪽 오른쪽 Credit: NASA

260쪽 NASA/Johns Hopkins University Applied Physics Laboratory/Southwest Research Institute

262쪽 위 NASA/JPL/Space Science Institute

262쪽 아래 NASA/JPL−Caltech/SSI/PSI

264쪽 NASA/JPL−Caltech

265쪽 NASA

267쪽 NASA

268쪽 왼쪽 NASA

268쪽 오른쪽 NASA

269쪽 왼쪽 NASA

269쪽 오른쪽 Johns Hopkins University Applied Physics Laboratory/Southwest Research Institute

270쪽 NASA/NEAR Project (JHU/APL)

271쪽 ⓒ①◎Philipp Salzgeber

273쪽 ⓒ①◎Brocken Inaglory

282~283쪽 NASA, ESA, Credit: A. Fujii

우주
레시피
지구인을 위한 달콤한 우주 특강

ⓒ2015 글 손영종

1판 1쇄 펴냄 2015년 9월 5일
1판 5쇄 펴냄 2021년 8월 25일

지은이 손영종
디자인, 일러스트 방상호
독자 모니터 천상현, 정두석

펴낸곳 오르트
펴낸이 정유진
전화 070-7786-6678 **팩스** 0303-0959-0005
전자우편 oortbooks@naver.com

ISBN 979-11-955549-0-4 (03440)

이 도서의 국립중앙도서관 출판예정도서목록(CIP)은 서지정보유통지원시스템 홈페이지(http://seoji.nl.go.kr)와
국가자료공동목록시스템(http://www.nl.go.kr/kolisnet)에서 이용하실 수 있습니다.(CIP제어번호: CIP2015017045)